华为ICT技术丛书 智能基座系列

昇腾AI处理器
应用与开发实践

Development and Application
of HUAWEI Ascend AI Processors

杨建磊◎编著

人民邮电出版社
北京

图书在版编目（CIP）数据

昇腾 AI 处理器应用与开发实践 / 杨建磊编著.
北京 : 人民邮电出版社, 2025. -- (华为 ICT 技术丛书).
ISBN 978-7-115-65465-6

Ⅰ．TN929.53

中国国家版本馆 CIP 数据核字第 2024RX9206 号

内 容 提 要

本书围绕昇腾 AI 处理器开发应用实践目标，不仅系统性地讲述全栈 AI 计算技术体系，还深入浅出地介绍工程化的开发方法与技术。

本书首先介绍基础知识，包括人工智能基础、深度学习技术、智能计算技术等；其次介绍 AI 处理器基础知识，包括神经网络加速原理、深度学习芯片架构、深度学习软件栈、全栈 AI 计算技术体系等；再次介绍昇腾 AI 处理器软硬件架构，包括达芬奇架构、昇腾 310/910 处理器架构、昇腾开发软件栈与工具链等；最后介绍昇腾 AI 处理器开发流程及编程方法。本书将昇腾 AI 开发实践案例贯穿其中，包括开发环境部署、基础模型开发案例、模型进阶开发探索、辅助工具应用实践等，并提供配套资源，旨在为读者提供体系化的实践训练，让读者能够学以致用，快速形成全栈 AI 开发的系统能力。

本书可作为高等院校计算机、人工智能、云计算、大数据等相关专业的教材，也可作为 ICT 培训机构智能计算方向的教材，还可作为人工智能领域从业人员的参考书。

◆ 编　　著　杨建磊
　　责任编辑　张晓芬
　　责任印制　马振武

◆ 人民邮电出版社出版发行　北京市丰台区成寿寺路 11 号
　　邮编　100164　电子邮件　315@ptpress.com.cn
　　网址　https://www.ptpress.com.cn
　　固安县铭成印刷有限公司印刷

◆ 开本：710×1000　1/16
　　印张：16　　　　　　　　2025 年 6 月第 1 版
　　字数：294 千字　　　　　2025 年 6 月河北第 1 次印刷

定价：89.80 元

读者服务热线：(010)53913866　印装质量热线：(010)81055316
反盗版热线：(010)81055315

前言
Preface

近年来信息技术蓬勃发展，人工智能（AI）技术作为新时代新质生产力的典型代表，已成为推动社会进步和变革的关键驱动力。而人工智能技术在诸多场景中的广泛应用，极度依赖底层平台的强大计算能力。昇腾 AI 处理器作为人工智能领域底层算力平台的突破性成果，凭借其强大的计算能力和良好的生态系统，有望满足日益增长的人工智能计算需求，为各类人工智能应用提供坚实的算力支撑。

本书致力于深入剖析昇腾 AI 处理器的软硬件架构以及编程开发技术，主要内容包括昇腾 AI 处理器的硬件架构、软件架构、编程方法、模型开发以及应用部署技术等。本书以昇腾 AI 处理器为核心，系统阐述全栈 AI 计算系统的体系构成与工作原理，并通过丰富的实践案例，为读者呈现完整的理论学习与开发实践参考，助力读者理解昇腾 AI 处理器的核心技术，掌握 AI 处理器系统开发与应用的关键能力。同时，本书还注重引导读者关注人工智能领域的发展动态，培养读者的创新思维和解决复杂问题的能力。

本书适合计算机、人工智能、云计算、大数据等相关专业的本科生或研究生使用，亦适合从事人工智能处理器与系统应用开发的科研与工程技术人员参考。

本书的编写得到了众多技术专家与学生的鼎力相助，特别感谢乔同、龙泠锟、陈俊一、周傲、王一鸥、齐英杰、刘美辰、施雨萌、段岑林、王艺坤、何啸林等学生在资料整理、图文撰写、实验案例等方面所做的贡献。

本书的前期工作始于 2019 年，在北京航空航天大学开设的研究生课程"人工智能加速器"

以及"深度学习系统"中经过 5 年的实践与迭代，形成了目前的形态。同时，本书还受到了教育部-华为公司产学合作协同育人项目的资助，相关工作曾被评为教育部产学合作协同育人优秀案例、教育部-华为产学合作协同育人优秀成果等，在此感谢教育部与华为公司的支持与帮助！

感谢人民邮电出版社的张晓芬编辑等人的全力支持，他们认真细致的编辑工作确保了本书的规范性、高质量与严谨性。

由于编者水平有限，书中难免有疏漏和不足之处，恳请读者批评指正！

作　者

2025年5月

目 录
Contents

第1章 引言 ·· 1

  1.1 人工智能基础 ·· 1
      1.1.1 人工智能概述 ··· 1
      1.1.2 人工智能发展简史 ··· 2
      1.1.3 人工智能的主要方向 ·· 6
  1.2 深度学习简介 ·· 7
      1.2.1 深度学习基本原理 ··· 8
      1.2.2 深度学习典型模型 ·· 10
      1.2.3 深度学习主要应用 ·· 16
  1.3 人工智能计算概述 ··· 17
      1.3.1 人工智能计算需求 ·· 17
      1.3.2 人工智能计算技术特征 ·· 18
      1.3.3 人工智能计算系统发展趋势 ·· 19
  参考文献 ·· 20

第2章 AI处理器基础 ·· 23

  2.1 神经网络加速原理 ··· 23
      2.1.1 通用计算芯片架构的局限性 ·· 23
      2.1.2 专用计算芯片架构潜力 ·· 25
      2.1.3 神经网络计算加速技术 ·· 27
  2.2 深度学习芯片 ··· 29
      2.2.1 通用计算芯片 ·· 29

2.2.2 专用计算芯片 ····· 34
  2.2.3 颠覆性计算芯片 ····· 37
 2.3 深度学习软件栈 ····· 40
  2.3.1 深度学习模型框架 ····· 40
  2.3.2 深度学习编译框架 ····· 44
  2.3.3 深度学习模型部署优化框架 ····· 46
 2.4 全栈 AI 计算技术体系 ····· 50
  2.4.1 软硬件协同设计思想 ····· 50
  2.4.2 深度学习系统设计与优化方法 ····· 52
  2.4.3 典型驱动范例：昇腾 AI 全栈技术方案 ····· 53
 参考文献 ····· 55

第 3 章 昇腾 AI 处理器硬件架构 ····· 57

 3.1 硬件架构概述 ····· 57
 3.2 达芬奇架构 ····· 58
  3.2.1 AI Core 整体架构 ····· 59
  3.2.2 计算单元 ····· 60
  3.2.3 存储系统 ····· 63
  3.2.4 控制单元 ····· 66
  3.2.5 指令系统 ····· 68
 3.3 昇腾 AI 处理器逻辑架构 ····· 70
  3.3.1 昇腾 310 处理器逻辑架构 ····· 70
  3.3.2 昇腾 910 处理器逻辑架构 ····· 72
 参考文献 ····· 73

第 4 章 昇腾 AI 处理器软件架构 ····· 75

 4.1 软件框架概述 ····· 75
 4.2 软件工具链 ····· 77
  4.2.1 MindStudio 开发环境 ····· 77
  4.2.2 昇腾计算语言 ····· 79
  4.2.3 昇腾张量编译器 ····· 81
  4.2.4 算子生成与优化器 ····· 82
  4.2.5 运行管理与任务调度器 ····· 84
 参考文献 ····· 88

第 5 章 昇腾 AI 处理器开发流程 89

5.1 昇腾 AI 开发平台介绍 89
5.2 昇腾 AI 推理开发流程 91
5.2.1 工具与环境部署 92
5.2.2 基于 MindX SDK 的推理开发流程 94
5.2.3 基于 AscendCL 的推理开发流程 98
参考文献 99

第 6 章 昇腾 AI 处理器编程方法 101

6.1 昇腾编程模型与语言库 101
6.1.1 AscendCL 功能架构 101
6.1.2 AscendCL API 102
6.1.3 AscendCL 应用扩展 104
6.1.4 AscendCL 应用：以模型推理流程为例 105
6.2 张量编译器（ATC） 114
6.2.1 ATC 内部原理 114
6.2.2 ATC 功能介绍 115
6.2.3 ATC 应用示例 119
6.3 张量优化与算子开发 121
6.3.1 算子模型定义 123
6.3.2 自定义算子开发与优化 128
6.3.3 算子开发编程方式 129
6.4 模型部署与推理优化 136
6.4.1 模型迁移流程 136
6.4.2 自动部署与模型调优 137
6.5 功能辅助增强组件 138
6.5.1 模型预处理 138
6.5.2 数据预处理 143
参考文献 144

第 7 章 实践案例 145

7.1 开发环境部署 145
7.1.1 实验软硬件准备 145

7.1.2　开发环境部署流程 ……………………………………………………… 147
　　7.1.3　运行环境部署流程 ……………………………………………………… 152
　　7.1.4　模型训练流程 …………………………………………………………… 157
　　7.1.5　模型推理流程 …………………………………………………………… 159
7.2　基础模型开发实例 …………………………………………………………………… 165
　　7.2.1　图像分类应用实例：C++/Python 实现 ………………………………… 165
　　7.2.2　目标检测应用实例：C++/Python 实现 ………………………………… 179
　　7.2.3　语音处理应用实例：C++/Python 实现 ………………………………… 185
　　7.2.4　模型迁移实例：以 ONNX/PyTorch 为例 ……………………………… 190
　　7.2.5　模型轻量化开发实践 …………………………………………………… 198
7.3　模型进阶开发探索 …………………………………………………………………… 203
　　7.3.1　自定义算子实例：以 BatchNorm 算子为例 …………………………… 203
　　7.3.2　算子开发：以 Transformer 为例 ………………………………………… 234
　　7.3.3　算子优化技术：以算子融合为例 ………………………………………… 238
7.4　辅助工具应用实践 …………………………………………………………………… 242
　　7.4.1　精度比对工具 …………………………………………………………… 242
　　7.4.2　性能分析工具 …………………………………………………………… 244
　　7.4.3　专家系统工具 …………………………………………………………… 246

参考文献 ……………………………………………………………………………………… 247

第1章 引言

1.1 人工智能基础

1.1.1 人工智能概述

人工智能（artificial intelligence，AI）是指一种能够让计算机系统像人一样思考、决策和学习的技术。它是计算机科学、机器学习、语言学、心理学等多学科的交叉应用，涵盖了知识表示与推理、自然语言处理、机器视觉、智能控制等多个方面。

人工智能最初是一个由图灵等人提出的概念，其核心是基于人类智能的模拟和实现。它的研究旨在构建能够自主学习和适应的智能机器，让机器能够像人类一样感知、理解、推理、决策和行动。与传统的计算机程序不同,人工智能程序具有自主性、灵活性和适应性,能够从大量的数据中提取信息,不断学习和优化自身的算法。

人工智能的核心技术包括机器学习、深度学习、自然语言处理、计算机视觉等。机器学习是人工智能的基础,是一种能够让计算机通过数据自主学习的技术。深度学习是机器学习的一个分支,它基于神经网络模型,能够进行更加复杂和深层次的学习。自然语言处理是一种让计算机能够理解和处理自然语言的技术,可应用于文本分析、语义理解、语音识别等多个方面。计算机视觉是一种让计算机能够理解、处理图像的技术,包括图像识别、目标检测、人脸识别等多个方面。

人工智能的应用广泛,涵盖了医疗、金融、交通、安防、农业等多个方面。医疗方面的应用包括疾病诊断、医学影像分析、基因组学研究等。金融方面的应用包括欺诈检测、风险评估、投资策略研究等。交通方面的应用包括自动驾驶、交通规划、智能交通管理等。安防方面的应用包括人脸识别、行为分析、安全监控等。农业方面的应用包括农作物种植预测、精准施肥、智能养殖等。

人工智能的发展前景十分广阔,它可以帮助人们更好地理解和利用数据,从而创造更多的价值,产生更多创新。在未来的几十年里,人工智能技术将会有更加广泛和深远的影响,对社会和经济的发展产生重大影响。

1.1.2 人工智能发展简史

人工智能作为一门新兴的技术,历经了多年的发展与探索。在过去的几十年里,人工智能经历了多次发展,也经历了很多低谷,但是每一次的挫折都让这门技术变得更加成熟和稳健。

(1)人工智能的诞生初期

人工智能的诞生可以追溯到20世纪50年代。当时,计算机技术刚刚出现,人们开始思考如何让计算机更加智能化,从而实现人工智能的梦想。在这个时期,人们开始研究符号推理系统,即利用逻辑、规则和知识表示等技术,让计算机能够进行自主的推理和决策。这种方法被称为"经典人工智能"。

1956年达特茅斯会议的组织者是马文·明斯基、约翰·麦卡锡、克劳德·香农和内森·罗彻斯特。达特茅斯会议参会者如图1-1所示。会议提出的预言之一是"学习或者智能的任何其他特性的每一个方面都应能被精确地描述,使机器可以对其模拟"。在达特茅斯会议上,人工智能的名称和任务得以确定,并出现了最初的成就和最早的一批研究者，因此这次会议被广泛认为是人工智能诞生的标志。

约翰·麦卡锡

马文·明斯基

克劳德·香农

雷·所罗门诺夫

艾伦·纽厄尔

赫伯特·西蒙

阿瑟·塞缪尔

奥利弗·塞尔弗里奇

纳撒尼尔·罗切斯特

特伦查德·莫尔

图 1-1　达特茅斯会议参会者

人工智能诞生初期主要涵盖了两个阶段：逻辑推理和专家系统。

逻辑推理是人工智能诞生的最初阶段。在这个阶段，人们试图通过编写一些规则来描述人类的思维方式，从而使计算机能够像人类一样进行逻辑推理。最早的逻辑推理程序是由约翰·麦卡锡和他的同事们在 20 世纪 50 年代末期至 60 年代初开发的。他们开发了一种名为 Lisp 的编程语言，用于实现人工智能程序。然而，这种方法的局限性很快显现出来。由于人类的知识和推理方式非常复杂和多样化，编写和维护这些规则的工作量非常大，而且很难应对实际情况的变化。

在逻辑推理的基础上，人们逐渐发展出了一种新的人工智能技术——专家系统。专家系统是一种基于知识库的人工智能系统，它将人类专家的知识和经验转化为规则和推理机制，从而帮助计算机模拟人类的思考和决策过程。

专家系统最早是由爱德华·费根鲍姆等人在 20 世纪 60 年代末期开发的。他们开发了一个名为 DENDRAL 的系统，用于自动推理有机分子的结构。这个系统的成功引起了人们的广泛关注，很快就有了大量的专家系统被开发和应用。在专家系统的发展过程中，人们开始注意到知识表示和知识获取的问题。为了让计算机能够理解和利用专家的知识，人们需要将这些知识进行形式化表示，并建立有效的知识获取和维护机制。

尽管专家系统在某些领域有了一定的应用，但仍然存在一些局限性问题，其中最重要的问题是专家系统很难处理模糊、不确定和复杂的问题。对于这些问题，人类专家通常会根据自己的经验和直觉做出判断，但是这种知识很难通过规则的形式进行描述和编码。

人工智能诞生初期的探索和尝试虽然未能取得很大的成功，但是奠定了人工智能领域的基础，为后来的发展提供了宝贵的经验和教训。逻辑推理和专家系统的发展推动了人们对知识表示、知识获取、推理机制等关键技术的研究和探索，为后来的机器学习、深度学习等技术的发展提供了重要的思想和方法论基础。

（2）人工智能的低谷时期

随着人工智能的发展，人们逐渐发现经典人工智能在某些方面存在局限性。符号推理系统的设计需要人类专家的知识和规则，难以应对复杂和不确定的环境。此外，计算机的存储和处理能力限制了人工智能技术的发展。这些问题使人工智能陷入了低谷，人工智能被认为是一种过于理论化、过于局限的技术。

在这样的背景下，人工智能领域出现了一系列瓶颈，特别是规划和推理、自然语言处理和图像识别等方面的研究和应用改进有限。这些困难让人们开始重新审视人工智能的技术路线和方法论，尝试找到新的突破口和方向。

在低谷时期，一些新的技术和思想开始涌现，为人工智能领域的发展打开了新的大门。比如，1974 年，美国哈佛大学的沃伯斯博士首次提出了通过误差的反向传播（back propagation，BP）训练人工神经网络。但这一观点在当时未引起学术界的重视。反向传播算法的基本思想不是用误差本身去调整权重，而是用误差的导数调整权重。

20 世纪 80 年代，计算机硬件和软件发展迅速，尤其是并行计算、分布式计算等技术的出现和应用，使得人工智能技术的应用范围得到了极大扩展，能力得到了极大提升。同时，人们开始探索将人工智能与其他技术和应用领域结合起来，如机器人、虚拟现实、智能交通等领域，实现人工智能技术的广泛应用。

此外，神经网络技术也在这个时期得到了一定的发展。神经网络是一种模仿生物神经网络的计算模型，能够学习和解决各种问题。然而，由于缺乏可用的大型数据集和处理能力，神经网络的应用范围受到了限制，因此神经网络也无法取代传统的机器学习算法。

在人工智能发展的低谷期，人工智能技术虽然进展缓慢，但仍然在不断演进和改进。专家系统和神经网络技术为人工智能的未来奠定了基础，人工智能低谷则为人工智能技术的发展敲响了警钟，让人们更加清醒地认识到人工智能技术的局限性。

（3）人工智能的稳健发展

随着计算机技术的不断发展和人工智能技术的不断进步，人工智能逐渐成为各个领域的热点话题，并为各行各业带来了巨大的变革。

人工智能的稳健发展与深度学习技术的出现密不可分。深度学习是一种基于神经网络的机器学习方法，其核心思想是通过模拟人类神经元之间的连接关系，实现对数据的高效处理和分析。深度学习的发展可以追溯到 20 世纪 80 年代，但直到近年来，随着计算能力和数据量的不断提升，深度学习技术才真正实现了突破性进展。图 1-2 为超级计算机浮点运算能力增长曲线，展示了 1940 年以来排名第一的超级计算机浮点运算能力的增长趋势。和 1960 年相比，超级计算机浮点运算能力增长了千亿倍。

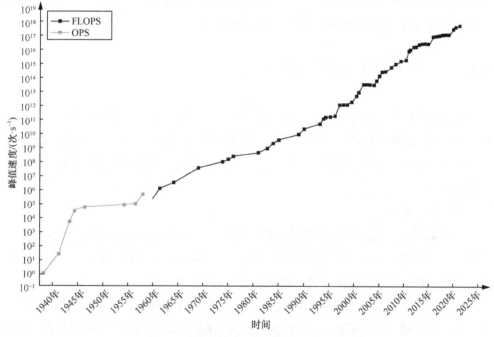

图 1-2　超级计算机浮点运算能力增长曲线

深度学习技术的突破，带来了机器视觉、自然语言处理、语音识别等领域的重大进展。例如，在计算机视觉领域，深度学习技术已经能够实现图像分类、目标检测、图像分割等任务，其准确率已经超过了人类水平。在自然语言处理领域，深度学习技术已经实现了机器翻译、文本分类、情感分析等任务，其效果也越来越接近于人类水平。

与此同时，人工智能领域还出现了强化学习技术。强化学习是一种通过智能体与环境之间的交互，学习如何通过一系列行动最大化预期收益的机器学习方法。近年来，随着深度学习技术的发展，强化学习也开始得到了广泛应用，并且在某些任务上已经具有突破性效果。

在游戏界，强化学习技术已经取得了显著成就，成功地实现了对众多复杂游戏的自动化实现，围棋这类传统上被认为极具挑战性的游戏最为引人注目。而在机器人技术领域，强化学习同样大放异彩，广泛应用于自主导航、物体操控等关键场景，展现出强大的适应性和灵活性。不仅如此，强化学习在推动工业自动化、优化金融交易策略，以及提升能源管理效率等方面，也展现出巨大的潜力和广阔的应用前景。这些预示着这一技术将在未来的多个行业中发挥更加关键的作用。

人工智能技术经历了多年的探索与发展，从经典人工智能到深度学习，从规则驱动到数据驱动，每个进步都让人工智能变得更加强大和智能化。未来，人工智能技术将继续深入发展，并为人们带来更多的机遇和挑战。

1.1.3 人工智能的主要方向

按照学习的依据划分，人工智能的主要方向可以分为3个：学习规则、学习数据和学习问题。这些方向可以看作构建人工智能的基础，它们分别针对不同的问题和场景，提供各自的解决方法和技术手段。下面将分别介绍这3个方向，以及它们的相关方法和技术。

（1）学习规则

学习规则是指人工智能通过逻辑推理来获取知识和解决问题。逻辑推理是一种基于逻辑原理的推断方法，可以从已知的前提出发，通过推理得出结论。人工智能利用逻辑推理来模拟人类的思维过程，从而实现自主学习和决策。

在学习规则方面，人工智能主要包括3类方法：符号逻辑、框架推理和基于知识的推理。符号逻辑是一种基于符号的推理方法，将问题和知识表示为符号形式，并通过逻辑规则进行推理。框架推理是一种基于框架的推理方法，利用框架表示和概念分类进行推理。基于知识的推理是一种基于知识库的推理方法，将知识表示为事实和规则的形式，并利用这些知识进行推理。

（2）学习数据

学习数据是指人工智能通过大量的数据训练来获取知识和解决问题。深度学习是一种利用多层神经网络模型进行学习的方法，可以通过大规模数据训练来实现自主学习和决策。深度学习通过模拟人脑的神经网络来实现对数据的理解和处理，从而实现对问题的解决。

在学习数据方面，人工智能主要包括3类方法：卷积神经网络(convolutional neural

network，CNN）、循环神经网络（recurrent neural network，RNN）、生成式对抗网络（generative adversarial network，GAN）。卷积神经网络是一种特殊的神经网络，利用卷积运算来处理图像等数据。循环神经网络是一种利用循环结构来处理序列数据的神经网络。生成式对抗网络是一种基于对抗学习的神经网络，可以通过对抗训练来生成具有真实感的图像等数据。

（3）学习问题

学习问题是指人工智能通过强化学习来学习制定决策，并获得最大收益。强化学习是一种基于试错和反馈机制的学习方法，通过与环境的交互来学习如何做出最优的决策。

在学习问题方面，人工智能主要包括 3 类方法：Q-learning、策略梯度和深度强化学习。Q-learning 是一种经典的强化学习算法，它侧重于通过与环境的交互来学习动作的价值，即 Q 值。这些 Q 值反映了在给定状态下采取特定动作所能获得的长期累积奖励的估计。通过不断更新这些 Q 值，算法能够逐渐学习在各种情境下做出最大化累积奖励的决策。策略梯度方法则从另一个角度出发，它直接对策略函数进行优化，通过调整智能体的行为决策来获得更高的累积奖励。深度强化学习则是将深度学习的技术和强化学习结合起来，通过使用深度神经网络来近似 Q 值函数或策略函数，这种方法使得人工智能能够处理更复杂的状态空间和动作空间，尤其是在高维度感知和连续控制任务中。

学习规则、学习数据和学习问题是人工智能的三大核心方向。学习规则主要通过逻辑推理来获取知识和解决问题，学习数据主要通过深度学习来处理大规模数据和复杂任务，学习问题主要通过强化学习来学习制定决策并获得最大收益。随着人工智能的不断发展和应用，这 3 个方向将会继续深入发展和完善，为人们带来更多的便利和创新。

1.2 深度学习简介

前面介绍了人工智能的基本概念和发展历程，下面我们将深入探讨人工智能领域中最为引人注目的技术：深度学习。深度学习作为实现人工智能的关键技术，通过模拟人类神经网络的结构和学习方式，实现对复杂任务的自动化处理和决策。

深度学习的兴起和发展为人工智能带来了巨大的推动力。它不仅提供了强大的数据建模和模式识别能力，还为解决许多现实世界的复杂问题提供了新的可能。在本节中，我们将探索深度学习的原理、方法和应用，体会它在人工智能领域中的重要地位。

深度学习是一种利用神经网络实现对数据特征提取和学习的机器学习方法。机器学习与深度学习的区别如图 1-3 所示。与传统机器学习方法相比，深度学习能够自主学习并提取不同类型数据的特征，更好地处理大规模、复杂的数据，并获得更高的准确度。近年来，深度学习在图像识别、自然语言处理、推荐系统等方面得到广泛应用。

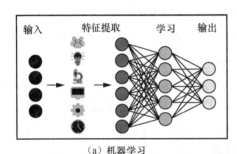 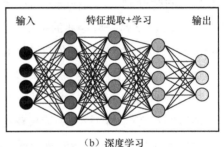

（a）机器学习　　　　　　　　　　　　（b）深度学习

图 1-3　机器学习与深度学习的区别

1.2.1　深度学习基本原理

（1）深度学习思想

深度学习是一种机器学习的方法，其主要思想是通过多层非线性变换来实现对数据的特征提取和学习。这种分层结构使深度学习模型具有强大的表达能力，能够处理非常复杂的数据类型。

深度学习需要大量的数据和计算资源来进行训练和推理，因此，训练深度学习模型需要使用高性能计算平台和专用处理器，如昇腾 AI 处理器，以提高计算的效率和准确性。

（2）神经网络简介

神经网络是深度学习的核心组成部分，由神经元和神经元之间的连接组成。每个神经元将其他神经元的输出作为自己的输入，对这些输出计算加权和，并通过激活函数产生一个输出。常见的激活函数包括 Sigmoid 函数、ReLU 函数、Tanh 函数等。神经网络中的每个神经元都有一组权重和一个偏置项，这些权重和偏置项是神经网络参数的一部分。

深度学习中通常使用的是前馈神经网络模型，它也称为多层感知机（multilayer perceptron，MLP）。如图1-4所示，神经网络由一个输入层、若干个隐藏层和一个输出层组成，每层包含若干个神经元。输入层接收原始数据，输出层产生最终的预测结果，中间的隐藏层通过一系列非线性变换提取数据的特征表示，从而实现对数据的分层表示和学习。每个隐藏层的神经元都可以看作一个特征提取器，通过对输入数据的非线性变换提取出更加抽象的特征表示，从而实现对数据的分层表示和学习。

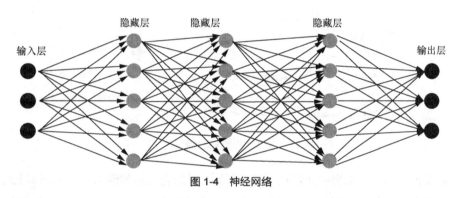

图1-4　神经网络

神经网络中的权重和偏置项需要通过训练来确定。训练过程中通常使用反向传播算法计算损失函数对每个参数的梯度，并使用梯度下降（gradient descent）法等优化算法更新参数。训练需要大量的数据和计算资源，并需要使用交叉验证等技术来避免出现过拟合问题。

除了前馈神经网络，深度学习还有其他类型的神经网络，如卷积神经网络、循环神经网络、生成对抗网络等。这些神经网络适用于不同类型的数据和任务，并在图像识别、自然语言处理等领域得到了广泛应用。

（3）神经网络学习方法

神经网络学习的目标是最小化一个预定义的目标函数，该目标函数通常称为损失函数（loss function），用于衡量模型预测值与真实值之间的差异。常见的损失函数包括平方误差损失函数、交叉熵损失函数等。

优化算法通过迭代调整神经网络参数来最小化损失函数，其中最常用的算法是梯度下降法。该方法通过计算损失函数对参数的梯度，来确定下一步参数的更新方向和大小。随着迭代次数的增加,神经网络的参数逐渐得到优化,从而实现对数据的学习。

在深度学习中,梯度下降法有很多变体,如批量梯度下降(batch gradient descent,BGD)、随机梯度下降(stochastic gradient descent,SGD)、小批量梯度下降(mini-batch gradient descent,MBGD)等。不同的算法在计算效率、收敛速度和过拟合等方面有所不同。

除了梯度下降法,深度学习中还有其他的优化算法,如动量法、自适应学习率算法等。这些算法通过不同的方式调整梯度下降法的步长和方向,从而提高优化的速度和效果。图1-5展示了动量法梯度下降的收敛过程。

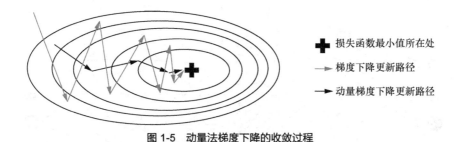

图1-5 动量法梯度下降的收敛过程

训练神经网络时需要防止出现过拟合问题。过拟合是指神经网络在训练集上表现良好,但在测试集上表现较差的现象。为了解决过拟合问题,我们可以使用正则化、丢弃法等技术来降低模型复杂度和提高泛化能力。

除了优化算法和防止过拟合技术,神经网络的学习还受到数据预处理和超参数设置等因素的影响。数据预处理包括归一化、标准化、数据增强等技术,超参数设置包括学习率、批量大小、神经网络结构等内容。

综上所述,神经网络的学习是一个复杂的过程,需要综合考虑多个因素,在实践中需要不断地尝试不同的算法和技术,以获得最佳的学习效果。

1.2.2 深度学习典型模型

(1)卷积神经网络

卷积神经网络是一种特殊的神经网络,主要用于处理二维(2D)或三维(3D)的数据,如图像、音频等。卷积神经网络通过卷积运算实现对数据的特征提取和学习,具有较强的局部相关性和平移不变性，因此在图像识别、物体检测、语音识别等领域得到了广泛的应用。

卷积神经网络的核心是卷积层和池化层。卷积层通常由多个滤波器组成，每个滤波器对输入数据进行卷积运算，生成一个特征图。每个特征图都是从输入数据中提取出来的某种特征，如边缘、纹理、角点等。

卷积操作示意如图 1-6 所示。卷积操作是指将一个滤波器与输入数据的一个局部区域进行乘积、求和，得到卷积的结果。之后，滤波器向下滑动一个固定的步长，在新位置再次进行卷积，这样对整个输入数据进行扫描，生成一个特征图。

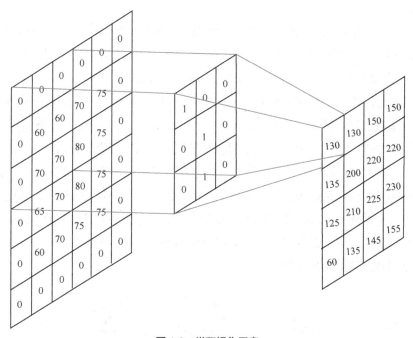

图 1-6　卷积操作示意

卷积层的输出可以通过激活函数进行非线性变换，从而产生更加复杂的特征表示。常用的激活函数包括 Sigmoid 函数、ReLU 函数、Tanh 函数等。激活函数的作用是引入非线性因素，增强模型的表达能力。

池化层通常跟在卷积层后面，用于减少特征图的尺寸和数量。池化层可以分为最大池化和平均池化两种。最大池化将每个特征图分割成若干个小块，对每个小块取最大值作为池化层的输出；平均池化则取每个小块的平均值作为输出。池化层的作用是减少数据的维度，同时提高模型的稳健性。

卷积神经网络通常包括多个卷积层和池化层，并通过全连接层将特征图转化为预测结果。卷积神经网络的训练通常使用反向传播算法和梯度下降法，训练过程需要大量的数据和计算资源，并需要使用交叉验证等方法来避免过拟合问题。

（2）循环神经网络

循环神经网络是一种基于循环结构的神经网络，主要用于处理序列数据，如语言、文本、音频等。它的主要特点是可以通过内部的循环结构对序列数据进行长期依赖关系的建模，从而完成对序列数据的建模、预测等任务。循环神经网络的核心是循环单元（recurrent unit），这是一种由多个神经元组成的结构，具有记忆和保持状态的能力。

循环神经网络可以分为简单循环神经网络、长短期记忆（long short-term memory，LSTM）网络、门控循环单元（gated recurrent unit，GRU）等多种类型。不同的循环单元有不同的门控机制和内部状态，因而具有不同的记忆能力和表达能力。

循环神经网络通常使用交叉熵损失函数进行训练，优化算法可以选择随机梯度下降法、自适应动量估计（adaptive moment estimation，Adam）算法等。循环神经网络在自然语言处理、语音识别、时间序列预测等领域得到了广泛的应用。

图1-7展示的单向循环神经网络是一种简单循环神经网络。简单循环神经网络是最基本的循环神经网络结构，它将循环单元的输出作为下一时刻的输入，从而形成循环结构。简单循环神经网络的参数共享特性使模型具有较强的表达能力，但同时也容易出现梯度消失或爆炸的问题，从而影响模型的训练效果。图1-7中的 A、W、U 等表示模型参数，这里不展开细讲。

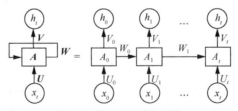

图1-7 单向循环神经网络

长短期记忆网络是一种特殊的循环神经网络，它通过添加记忆单元和门控单元来增强模型的记忆和表达能力。长短期记忆网络的基本单元包含输入门、遗忘门、输出门和记忆单元。每个门控单元都是一个具有Sigmoid函数的神经网络，负责控制信息的输入和输出。

门控循环单元是另一种常用的循环单元，它通过减少门控单元的数量和简化计算来降低模型的复杂度。门控循环单元包含更新门和重置门这两个门控单元，并通过它们来控制信息的输入和输出，从而增强模型的表达能力。

循环神经网络在序列建模、自然语言处理、音频处理等领域有着广泛的应用。在序列建模中，循环神经网络可以用于建立动态系统的模型，例如股票价格的预测、天气预测等。循环神经网络能够捕捉时间序列的长期依赖性，提高对于复杂动态系统的建模能力。例如，对于股票价格的预测，循环神经网络可以根据历史价格序列来预测未来价格的变化趋势。在自然语言处理领域，循环神经网络可以用于语言模型、文本分类、情感分析、命名实体识别、机器翻译等任务。对于语言模型，循环神经网络可以预测一个句子中下一个单词出现的概率分布，从而生成更加自然的文本。对于机器翻译，循环神经网络可以将一种语言的句子转换成另一种语言的句子。在音频处理中，循环神经网络可以用于语音识别、音乐生成、音乐分类等任务。对于语音识别，循环神经网络可以将语音信号转换成文本或命令等。对于音乐生成，循环神经网络可以根据输入的音乐片段生成新的音乐片段。

（3）Transformer

Transformer 是一种基于自注意力机制的神经网络模型，由谷歌公司在 2017 年提出，用于处理序列数据，主要应用于自然语言处理领域的诸如机器翻译、文本生成、语言模型等任务。相比于传统的循环神经网络和卷积神经网络，Transformer 具有高效并行计算、更好的长程依赖建模能力等优势。

Transformer 架构如图 1-8 所示，包括编码块和解码块，其中，编码块由 N 个编码器组成，解码块由 N 个解码器组成。编码器用于对输入的序列进行特征提取和编码，解码器则根据编码器提供的特征生成目标序列。编码器和解码器都由多层自注意力机制（多头注意力层）和前馈神经网络（前馈层）组成。

在自注意力机制中，每个输入位置的表示是通过将所有输入位置的表示进行加权求和得到的，每个加权系数是通过将该位置的表示与所有位置的表示进行点积运算得到的。点积运算可以计算每个位置与其他位置的相似度，从而选择最相关（相似度最高）的表示进行加权求和。自注意力机制中还使用了残差连接和层归一化技术，用于缓解模型训练中的梯度消失问题。

在多层自注意力机制中，每个自注意力机制计算多个加权和，从而提高模型的非线性能力和灵活性。在编码器中，多层自注意力机制可以帮助模型捕捉输入序列中的语义信息。而在解码器中，多层自注意力机制用于生成输出序列时对输入序列的对齐操作。

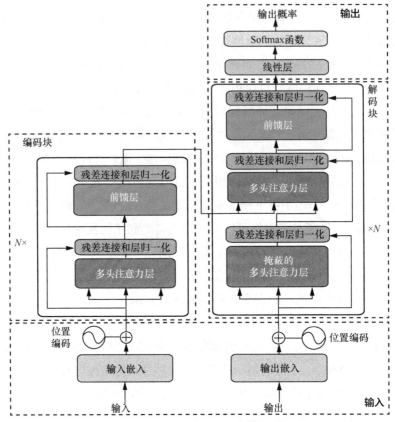

图 1-8 Transformer 架构

除了自注意力机制，Transformer 还采用了位置编码技术，用于为输入序列中的每个位置赋予一个固定的位置向量。位置向量可以传达位置信息，使 Transformer 能够处理输入序列中的顺序信息。

在实际应用中，为了提高 Transformer 的模型效率和性能，研究者们提出了一些优化方法。例如，针对长序列处理的问题，Transformer-XL 引入了相对位置编码和循环机制，从而扩展了模型的处理能力；针对 Transformer 的计算和存储占用较大资源的问题，MobileBERT 等模型则采用了轻量化技术，通过减少模型参数和计算复杂度来实现高效的训练和推理。

（4）图神经网络

图神经网络（graph neural network，GNN）是一类神经网络模型，用于处理图结构数据，具有一定的图结构理解和推理能力。图 1-9 展示了图神经网络的结构。它将图中节点和边的信息表示为向量，然后使用神经网络对这些向量进行处理，从而实现图结构数据的建模和分析。相比于传统的图算法，图神经网络在保持图结构信息的同时，还能处理节点和边的属性信息，具有更高的表达能力和泛化能力。

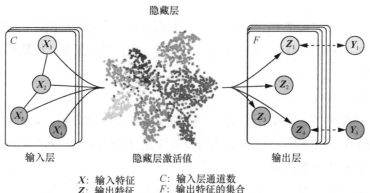

图1-9 图神经网络结构

图神经网络通常由多层神经网络组成，每层网络包括节点嵌入层、信息聚合层和输出层3个部分。节点嵌入层用于将原始的节点特征映射到低维的向量空间中，信息聚合层用于根据图结构进行节点信息的传递和聚合，输出层用于生成节点或图的表示。

在信息聚合层中，图神经网络通常使用一种消息传递的方式，对每个节点和它的邻居节点之间的信息进行传递和聚合。在每层的信息聚合过程中，每个节点会将自己的嵌入向量和它的邻居节点的嵌入向量进行聚合，生成一个新的向量表示，这样通过多层聚合，每个节点的表示就会不断地被更新和改进，从而得到更准确的节点表示。

除了节点嵌入层和信息聚合层，图神经网络还使用一些常见的技术和模型结构，如图卷积神经网络（graph convolutional network，GCN）、图采样与聚合（graph sample and aggregate，GraphSAGE）、图注意力网络（graph attention network，GAT）等。这些技术和模型结构在信息聚合和节点表示学习方面都有独特的优势和适用场景。

图神经网络在图结构数据的分析和建模中具有广泛的应用。例如，它可以用于社交网络分析、推荐系统等任务。在社交网络分析中，它可以用于预测用户行为和社区发现等。在推荐系统中，它可以将用户和商品表示为图结构，从而学习用户和商品之间的关系，实现更精准的推荐。

1.2.3 深度学习主要应用

深度学习是目前备受关注的技术之一,已经在许多领域展现出巨大的应用潜力。计算机视觉、自然语言处理,以及图形学、医学、生物学等基础学科是深度学习重要的应用领域。

(1)计算机视觉

计算机视觉是指计算机通过对图像等视觉数据的处理和分析,实现对场景、物体等视觉信息的理解和识别。深度学习在计算机视觉领域得到了广泛应用,如目标检测、图像分割、图像生成等场景。

目标检测:通过深度学习模型识别图像中的目标物体,并将其标记出来。目标检测是计算机视觉中的一项基础任务,已经广泛应用于物体识别、视频监控等场景。

图像分割:通过深度学习模型将图像分成若干个区域,从而实现对图像中每个像素的分类和识别。图像分割可以用于医学图像分析、自动驾驶等场景。

图像生成:通过深度学习模型生成逼真的图像。图像生成可以用于图像修复、图像增强等场景。

(2)自然语言处理

自然语言处理是指将自然语言转换成计算机可处理的形式,并进行分析和处理的一系列技术。深度学习在自然语言处理领域中得到了广泛应用,如机器翻译、情感分析、语音识别等场景。

机器翻译:通过深度学习模型将一种语言翻译成另一种语言。机器翻译已经成为自然语言处理中的一个重要研究方向,其应用包括文本翻译、语音翻译等场景。

情感分析:通过深度学习模型分析文本中的情感信息。情感分析可以用于社交网络分析、评论分析等场景。

语音识别:通过深度学习模型将语音信号转换为文本。语音识别已经广泛应用于智能语音助手、语音翻译等场景。

(3)图形学、医学、生物学等基础学科

除了计算机视觉和自然语言处理领域,深度学习在图形学、医学、生物学等基础学科领域也有着广泛的应用。

图形学:深度学习在图形学领域的应用包括图像生成、图像增强、三维重建、虚拟现实等。通过深度学习模型生成逼真的图像和模拟逼真的虚拟现实场景,已经成为图形学的一个重要研究方向。

医学：深度学习在医学领域的应用包括医学图像分析、疾病诊断、药物研发等。例如，深度学习可以用于医学图像的自动诊断、肿瘤检测等场景。

生物学：深度学习在生物学领域的应用包括基因序列分析、蛋白质结构预测等。深度学习模型对蛋白质的结构和功能的预测可以帮助科学家更好地理解生命的本质。

1.3 人工智能计算概述

1.3.1 人工智能计算需求

在万物互联时代，人工智能已经融入各个领域，从改善生活品质到推动科学研究，无所不在。然而，不同的应用场景带来了多样化的计算需求，涵盖了云端大模型、边缘端设备，以及自动驾驶和虚拟现实等多种应用。本小节将介绍不同应用中的人工智能计算需求，以及为满足这些需求而采用的计算技术和硬件架构。

（1）云端 AI 模型

海量数据的挑战：云端 AI 模型，如 GPT-3 和 BERT[1]，是在海量数据上进行训练的，其训练数据包含数十亿甚至数百亿的文本和图像。这种规模的数据对计算能力提出了巨大的挑战。

高算力需求：训练和部署这些大模型需要高性能计算（high performance computing，HPC）集群和图形处理单元（graphics processing unit，GPU）等高算力硬件。这些硬件加速了模型的训练和推理，使模型能够在实际应用中具有高性能。

（2）边缘端设备

实时推理的关键性：边缘端设备，如智能手机、物联网设备和工业传感器，需要能够在设备自身上执行实时推理，以满足实时决策和反应的需求，这对计算性能提出了高要求。

定制硬件解决方案：为了实现高性能的推理，边缘端设备常常采用定制硬件解决方案，如现场可编程门阵列（field programmable gate array，FPGA）和专用集成电路

---

[1] BERT：bidirectional encoder representation from Transformer，基于 Transformer 的双向编码器表征，是一种通用语义表示模型。

（application specific integrated circuit，ASIC）。

（3）自动驾驶和虚拟现实

自动驾驶的感知和决策：自动驾驶系统需要处理大规模传感器数据，进行高精度的感知、决策和控制，这要求计算系统具备卓越的性能。

虚拟现实的逼真性和实时性：虚拟现实技术需要在实时性要求非常高的情况下生成逼真的虚拟环境，这需要高性能计算和图形处理。

1.3.2 人工智能计算技术特征

在人工智能技术的快速发展中，计算技术是推动人工智能进步的重要驱动力之一。本小节将从宏观和微观两个层面，介绍人工智能计算技术的特征。

（1）宏观层面

分布式计算：随着人工智能模型规模的不断增大，单台计算机已无法满足对模型进行训练和推理的需求。分布式计算技术应运而生。它将任务分割成多个子任务，并将子任务分配到多台计算机上同时进行运算来实现并行计算，从而大大提高计算速度和训练效率。分布式计算还能够充分利用集群的计算资源，减少计算机的闲置率，节约能源。

边缘计算：人工智能的应用场景日益广泛，不仅限于云服务器端，越来越多的场景需要在边缘设备上进行实时的推理和决策。边缘计算是一种将计算任务从云端转移到边缘设备（如智能手机、物联网设备）的技术，可以降低网络时延、增强数据隐私保护能力、提高实时性能。在边缘计算环境下，人工智能模型需要更加轻量级和更加高效，这对计算技术提出了更高要求。

专用计算需求变高：随着人工智能模型的复杂性增加，传统的通用计算设备已经无法满足各应用对计算能力的要求。专用计算设备，如图形处理器、张量处理单元（tensor processing unit，TPU），以及定制化的专用芯片，成为解决这一问题的有效手段。这些专用计算设备在加速神经网络的训练和推理方面有着独特的优势，能够显著提高计算性能。

（2）微观层面

矩阵运算：在人工智能领域中，常见的深度学习模型，如卷积神经网络、循环神经网络和Transformer，都需要进行大量的矩阵运算。特别是模型在训练过程中会使用反向传播算法来更新模型的参数，这也需要大量的矩阵乘法和梯度计算。由此可知，高效的矩阵运算是人工智能计算的重要基础。

稀疏运算：为了适应边缘计算和专用计算设备等资源有限的场景，模型压缩技术逐渐受到关注。模型压缩技术包括量化、剪枝、蒸馏等，可以在不显著降低模型性能的情况下，减少模型的参数和计算量。另外，图神经网络等应用因图数据的特殊性出现了大量的稀疏运算需求，而稀疏运算的优化是提高人工智能计算效率的重要手段之一。

并行计算通信开销：并行计算是人工智能计算的常用技术，通过同时使用多个计算设备处理任务，提高计算效率。然而，并行计算也带来了通信开销问题，特别是在分布式计算环境下。由于计算设备之间需要频繁地进行数据传输和同步，因此通信开销成为整个计算过程的瓶颈。在设计并行计算方案时，我们需要合理选择通信策略，优化通信过程，以提高并行计算效率。

1.3.3 人工智能计算系统发展趋势

随着人工智能在各个领域的广泛应用，人工智能计算系统也在不断演进，以满足不断变化的需求。以下将探讨两个关键趋势——云端 AI 模型大型化和边缘端对人工智能算力需求的快速增加。

（1）云端 AI 模型大型化

随着深度学习模型的不断发展，云端 AI 模型的规模逐渐增大。这些大型模型在自然语言处理、图像识别、语音识别等任务上表现出色，但需要大规模的计算资源来训练和推理。发展趋势主要包括以下两个方面。

更大规模的模型：更大规模的人工智能模型拥有更多的参数和更好的性能，这将需要更高性能的计算硬件来支持。

云端计算集群：为了应对大规模模型的训练需求，云端计算集群将继续发展，采用高性能计算和 GPU 等硬件。

华为技术有限公司（简称华为公司）在这一领域取得了重要突破，推出了针对人工智能计算的鲲鹏芯片（Kunpeng）和昇腾芯片（Ascend），这些芯片提供了卓越的性能和效率，为云端 AI 计算提供了强大的支持。

（2）边缘端对人工智能算力需求的快速增加

边缘计算的兴起带来了对边缘端设备上人工智能算力的迅速增加需求。这种趋势不仅要求人工智能算法更加轻量级，还需要高性能的边缘计算硬件。为了应对这种趋势,人们提供了实时推理和定制硬件解决方案。

- 实时推理:边缘端设备,例如智能摄像头、无人机和工业机器人,需要在实时性要求非常高的情况下执行人工智能推理,这要求边缘计算硬件具备卓越的性能。
- 定制硬件解决方案:为了在边缘端实现高性能的人工智能推理,厂商越来越倾向于采用定制硬件解决方案,如FPGA和ASIC,以提高效率和性能。

华为公司的昇腾芯片系列为边缘端人工智能计算提供了强大的支持,其高性能和能效优势使其成为各种边缘应用的理想选择。

参考文献

[1] LEHAMN J. The next 66 years of artificial intelligence [EB/OL].(2022-11-12)[2024-04-23].

[2] RIVENDELL. 浅谈基于深度学习的AI技术现状及展望[EB/OL]. (2023-11-01) [2024-04-23].

[3] OLAH C. Understanding LSTM networks[EB/OL]. (2015-08-27)[2024-04-23].

[4] VASWANI A, SHAZEER N, PARMAR N, et al. Attention is all you need[C]// Advances in Neural Information Processing Systems. 2017: 30.

[5] KIPF T N, WELLING M. Semi-supervised classification with graph convolutional networks[J]. arXiv preprint, arXiv:1609.02907.

[6] RUDER S. An overview of gradient descent optimization algorithms[J]. arXiv preprint , arXiv:1609.04747.

[7] LONG J, SHELHAMER E, DARRELL T. Fully convolutional networks for semantic segmentation[C]// Proceedings of the IEEE Conference on Computer Vision and Pattern Recognition. 2015: 3431-3440.

[8] HOCHREITER S, SCHMIDHUBER J. Long short-term memory[J]. Neural Computation, 1997, 9(8): 1735-1780.

[9] HAMILTON W, YING Z, LESKOVEC J. Inductive representation learning on large graphs[J]. Advances in Neural Information Processing Systems, 2017: 30.

[10] VELIČKOVIĆ P, CUCURULL G, CASANOVA A, et al. Graph attention networks[J]. arXiv preprint, arXiv:1710.10903.

[11] SUN Z, YU H, SONG X, et al. Mobilebert: a compact task-agnostic bert for resource-limited devices[J/OL]. arXiv preprint, arXiv:2004.02984.

[12] GOODFELLOW I, POUGET-ABADIE J, MIRZA M, et al. Generative adversarial nets[J]. Advances in Neural Information Processing Systems, 2014: 27.

[13] MCCARTHY J, ABRAHAMS P W, EDWARDS D J, et al. LISP 1.5 programmer's manual[M].

Cambridge: MIT Press, 1962.

[14] BUCHANAN B G, FEIGENBAUM E A. DENDRAL and Meta-DENDRAL: their applications dimension[J]. Artificial Intelligence, 1978, 11(1-2): 5-24.

[15] WERBOS P J. Generalization of backpropagation with application to a recurrent gas market model[J]. Neural Networks, 1988, 1(4): 339-356.

[16] QUINN M J, DEO N. Parallel graph algorithms[J]. ACM Computing Surveys（CSUR）, 1984, 16(3): 319-348.

[17] LAMPORT L. Time, clocks, and the ordering of events in a distributed system[J]. Communications of the ACM, 1978, 21(7): 558-565.

[18] LECUN Y, BENGIO Y, HINTON G. Deep learning[J]. Nature, 2015, 521(7553): 436-444.

[19] SUTTON R S, BARTO A G. Reinforcement learning: an introduction[M]. Cambridge: MIT press, 2018.

[20] RUSSELL S J, NORVIG P. 人工智能：一种现代的方法（第3版）[M]. 殷建平, 祝恩, 刘越, 等, 译. 北京：清华大学出版社, 2013., 2016.

[21] MINSKY M. A framework for representing knowledge[J]. 1974.

[22] GOODFELLOW I, POUGET-ABADIE J, MIRZA M, et al. Generative adversarial nets[J]. Advances in Neural Information Processing Systems, 2014: 27.

[23] WILLIAMS R J. Simple statistical gradient-following algorithms for connectionist reinforcement learning[J]. Machine Learning, 1992(8): 229-256.

[24] MNIH V, KAVUKCUOGLU K, SILVER D, et al. Human-level control through deep reinforcement learning[J]. Nature, 2015, 518(7540): 529-533.

第 2 章 AI 处理器基础

2.1 神经网络加速原理

2.1.1 通用计算芯片架构的局限性

AI 处理器是一种专用处理器,是面向特定计算任务设计的专用芯片。与之相对的,在个人计算机、服务器中更为常见的计算芯片是通用处理器,其理论上可以运行各种程序、处理各类数据、完成各项任务。本小节将从常见的通用计算芯片架构讲起开始,分析它的局限性,从而引出专用计算芯片的需求与意义。

中央处理器(central processing unit,CPU)是非常常见的通用计算芯片,主要采用的结构为冯·诺依曼体系结构，如图 2-1 所示。冯·诺依曼体系结构中的 CPU 包括控制器和运算器两个主要部分，工作流程分为 5 个阶段：取指令、指令译码、指令执行、数据访存及结果写回。算数逻辑部件（arithmetic and logic unit，ALU）是 CPU 的核心单元，负责完成执行阶段的工作。

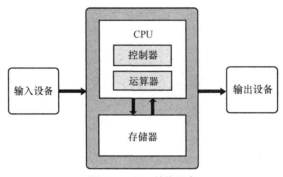

图 2-1　CPU 结构示意

尽管 CPU 作为通用处理器能够完成各项计算任务，但为了通用性，即兼容各类情况，它牺牲了一部分计算效率。具体而言，由于 CPU 具有较为复杂的控制逻辑以及取指令和指令译码的流程，因此真正的计算单元 ALU 仅占用了 CPU 资源的一小部分。在特定领域的计算任务上，这种对计算效率和灵活性的权衡体现得更为明显。以快速傅里叶变换（fast Fourier transform，FFT）计算任务为例，该运算主要由蝶形运算组成，而蝶形运算主要由复数乘法和加法组成，进一步地，复数乘法和加法由普通的乘法和加法组成，因此，FFT 计算任务可以分解为大量的乘加运算的组合，再由 CPU 逐个完成乘加运算操作。然而，这种方法显著地降低了计算效率。一方面，FFT 计算分解本身以及分解后指令的存/取占用了一定的计算资源；另一方面，分解后的计算流程产生了大量的中间结果，这些中间结果频繁地交换于内存与处理器之间，降低了计算效率。此外，CPU 对分支、循环等结构的高效处理能力在 FFT 计算这种具有大量重复的简单运算指令的计算任务上无法体现出优势。以上原因最终导致了 CPU 在 FFT 计算任务上的低效率。

对于人工智能计算，通用处理器 CPU 的局限性更为明显。一方面，CPU 必须将每次计算的结果暂存到内存中。尽管神经网络大规模运算中的每一个指令都是完全可预测的，但是 CPU 中的每一个算术逻辑单元仍然只能一个接一个地执行这些运算指令，且每一次运算都需要访问内存，这限制了总体的吞吐量，并增加能耗。另一方面，神经网络计算中存在大量的重复计算，这些计算的区别仅在于操作数的位置，而运算类型和运算过程完全一致，因此，神经网络计算任务对并行化的需求较高。然而，由于 CPU 为了通用性而具备大量的控制单元，因此核心计算单元有限，从而对人工智能计算的并行加速能力较弱。此外，CPU 仅能处理较为简单的运算，例如加法或乘法。对于神经网络计算中复杂的算子，CPU 需要将其拆分为较为简单的计算指令，这产生了更长的时延和更频繁的数据指令访存，以及更低效的数据利用率，进而降低了处理器的计算效率。

对于神经网络计算任务，更为高效的处理方法是面向特定的计算类型，设计专用的计算芯片。举例来说，由于神经网络计算中存在大量的乘积累加（multiply accumulate，MAC）运算，因此我们可以设计面向 MAC 运算的专用计算单元，跳过中间结果的访存步骤，从而加快计算速度。尽管这类专用计算芯片无法用于其他计算任务，但对于人工智能计算，它可以将通用处理器的数千甚至数万个计算周期缩短为几百个计算周期，从而大大提高处理器效率。

2.1.2 专用计算芯片架构潜力

如 2.1.1 小节所述，在人工智能计算领域，相比于通用计算芯片，专用计算芯片具有更高的计算效率。本小节将对昇腾 AI 处理器及其达芬奇架构进行简要介绍，并阐述它们在人工智能计算领域的前景。

（1）昇腾 AI 处理器

昇腾 AI 处理器是华为公司为了满足当今飞速发展的深度神经网络对芯片算力的需求，于 2018 年推出的面向用于神经网络计算任务的专用处理器，可以对整型数（INT8、INT4）和浮点数（float point 16，FP16）提供强大高效的 MAC 运算能力。

昇腾 AI 处理器本质上是一个片上系统，主要应用在与图像、语音、文字处理相关的场景，它的主要架构包括特制的计算单元、大容量的存储单元和相应的控制单元。昇腾 AI 处理器强大的计算引擎由 CPU 和 AI Core 组成。CPU 分为专用于控制处理器整体运行的控制 CPU 和专用于承担非矩阵类复杂计算的 AI CPU，这两类任务占用的 CPU 核数可根据系统实际运行情况由软件动态分配。AI Core 采用达芬奇架构，是昇腾 AI 处理器的核心计算单元。这些 AI Core 通过特别设计的架构和电路实现了高通量、大算力和低功耗的能力，适合处理深度学习中神经网络必不可少的常用计算，例如矩阵相乘。此外，昇腾 AI 处理器具有包括双数据速率（double data rate，DDR）接口、高带宽存储器（high bandwidth memory，HBM）接口以及 PCIe 总线接口在内的多种外设接口,具备较高的可扩展性。

昇腾 AI 处理器具有强大的算力,并且在硬件体系结构上对深度神经网络进行了特殊的优化,能以极高的效率完成目前主流深度神经网络的前向计算,因此在智能终端等领域拥有广阔的应用前景。

(2)达芬奇架构

达芬奇架构基于 ARM 架构,是华为公司推出的面向人工智能计算特征的计算架构。不同于传统的支持通用计算的 CPU 和 GPU,也不同于专用于某种特定算法的专用集成电路(application specific integrated circuit,ASIC),达芬奇架构本质上是为了适应某特定领域中的常见应用和算法而设计的,即特定域架构(domain specific architecture,DSA)芯片。

图 2-2 展示了达芬奇架构的主要组成部分。达芬奇架构创新性地推出了 3D Cube 计算引擎,用于完成人工智能计算和核心部分——矩阵乘法。不同于以往的标量/矢量运算模式,3D Cube 专门针对矩阵运算进行加速,大幅度提高了单位面积下的人工智能算力,充分激发了端侧人工智能运算的潜能。具体而言,以完成 2 个维度为 $N×N$ 的矩阵的乘法运算为例,如果使用 1 维向量乘法累加运算单元,则乘法运算需要 N^2 个周期才能完成;如果使用 2 维的乘法累加运算阵列,则乘法运算需要 N 个周期才能完成;如果使用上述 3D Cube 矩阵乘法单元,则乘法运算仅需要 1 个周期即可完成。

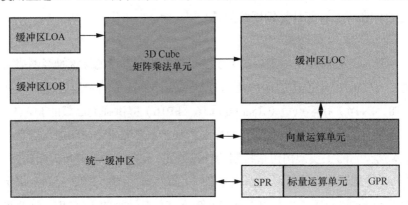

SPR——special purpose register,专用寄存器
GPR——general purpose register,通用寄存器

图 2-2 达芬奇架构示意

此外,针对相同规模的计算任务,例如完成 4096 次 MAC 运算,二维结构需要 64×64 的结构才能计算,而 3D Cube 只需要 16×16×16 的结构就能完成计算,相比

之下，后者的运算周期短、时延低、数据利用率高。

总而言之，达芬奇架构采用 3D Cube 针对矩阵运算做加速，大幅提升了单位功耗下的人工智能算力，每个 AI Core 可以在一个时钟周期内实现 4096 次 MAC 运算。为了提升人工智能计算的完备性和不同场景的计算效率，达芬奇架构还集成了向量、标量、硬件加速器等多种计算单元，同时支持多种精度计算，满足训练和推理两种场景的数据精度要求，实现人工智能的全场景需求覆盖，在人工智能计算领域具有广阔的应用前景。

2.1.3 神经网络计算加速技术

除了昇腾 AI 处理器外，我们还可以使用多种通用或专用计算芯片对神经网络计算进行加速。本小节将介绍两类常用的计算芯片（GPU 和 NPU）的加速原理。

（1）GPU 加速原理

GPU 原本是面向图像渲染任务的专用计算芯片。近年来，计算规模呈爆炸性增长，并行计算的需求逐渐增大。再加上 GPU 的并行性远胜于 CPU，使得目前的 GPU 并不局限于图像渲染任务，而是还可以用于通用计算，成为一类新的通用计算芯片，即通用图形处理器（general purpose GPU，GPGPU）。

GPGPU 的结构如图 2-3 所示。不同于 CPU 将大量的晶体管用于构建控制电路和存储单元，只用少部分晶体管完成实际的工作，GPGPU 由相对简单的控制器、多级缓存、共享内存以及大量的 ALU 组成，将绝大部分晶体管组成了各类计算电路、多条流水线，使并行计算能力有了飞跃。

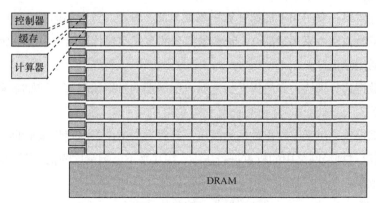

图 2-3 GPGPU 的结构

注：DRAM——dynamic random access memory，动态随机存储器。

GPGPU 的计算模型为单指令多线程（single instruction multiple thread，SIMT）。在 GPGPU 中，一个控制器控制多个简单的 ALU，使一条指令可以由多个处理器开启多个线程同时执行，从而达到大规模并行计算的目的。SIMT 模型隐式地利用硬件开辟多线程，结合数据索引关系覆盖整个输入，从而能够并行处理大量的数据。与单指令多数据（single instruction multiple data，SIMD）模型相比，SIMT 模型不仅对程序员隐藏了底层多线程并行执行的细节，使编程模型更为简单、友好，还具有更强的可扩展性和灵活性，使得基于该模型的 GPGPU 可以通过简单地增加并行处理单元和存储控制单元的方式，提高处理能力和存储带宽。

根据上述分析，GPGPU 适合进行大量同类型数据的密集运算。它将大规模的计算任务拆分为较为简单的更小任务，并将其分发给多个计算单元并行处理。这种基于数据并行的计算方式非常适合神经网络计算任务。在神经网络的推理和训练过程中，前向传播、反向传播、权重更新等多个步骤可以拆分为矩阵或向量乘法。进一步地，这些操作能够分解为大量的简单运算，可以并行地在 GPGPU 的多个核心上同时进行，因此，利用 GPGPU 加速神经网络计算任务处理速度的效果十分显著。

（2）NPU 加速原理

神经网络处理单元（neural network processing unit，NPU），即嵌入式神经网络处理器，是一种专门面向神经网络应用数据的专用计算芯片，特别擅长处理图像类的海量多媒体数据。

相比于通用计算芯片 CPU 和 GPU 等，NPU 专门为物联网中的工智能而设计，是针对神经网络计算任务并被特殊优化过的处理器，其性能高于 CPU 和 GPU。这些优化主要体现在以下几个部分。

乘累加模块：专门用于加速计算矩阵乘累加、卷积、点乘等运算。

激活函数模块：采用最高 12 阶参数拟合的方式实现神经网络中的激活函数，从而加速激活函数运算。

二维数据运算模块：专门用于加速对一个平面的数据的运算，例如降采样、平面数据备份等。

解压缩模块：用于对权重数据的解压。针对物联网设备内存带宽小的特点，该模块 NPU 可以对神经网络中的权重进行压缩，在几乎不影响精度的情况下，实现 6～10 倍的压缩效果。

目前，NPU 主要运用于移动端设备上的单片系统（system on chip，SoC，又称片上系统）。由于 CPU 和 GPU 推理和训练神经网络需要更多的机器和时间，并且在端侧和边缘计算上无法获得实时性，因此 SoC 中使用 NPU 专门负责实现人工智能运算和人工智能应用。SoC 上的 NPU 示意如图 2-4 所示。

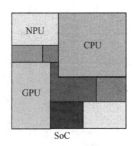

图 2-4　SoC 上的 NPU 示意

2.2　深度学习芯片

近年来，随着人工智能技术、深度学习算法在各行各业的应用越来越广泛，除了传统的 CPU、GPU 等通用计算平台，业内也涌现了一些其他用于深度学习中神经网络计算任务的芯片。

2.2.1　通用计算芯片

1．国外的 GPU 厂商

（1）英伟达

英伟达（NVIDIA）公司（简称英伟达）的 GPU 产品主要有 Quadro、GeForce 和 Tesla 这 3 个系列。Quadro 系列的定位是专业绘图显卡，主要用于工作站，如笔记本计算机、桌面工作站。Geforce 系列的定位是游戏显卡，主要用于家庭娱乐。Tesla 系列是专注于数据计算的计算显卡，主要用于深度学习中的神经网络计算任务，因此是本小节介绍的重点。

英伟达的 Tesla 系列计算显卡经历了多代架构的发展，包括 Tesla（2008 年）、Fermi（2010 年）、Kepler（2012 年）、Maxwell（2014 年）、Pascal（2016 年）、Volta（2017 年）、Turing（2018 年）、Ampere（2020 年）和 Hopper（2022 年）。表 2-1 列出了英伟达 Tesla 系列产品的部分关键指标，可以看出，每代架构更新都带来了产品工艺、计算能力、存储带宽等方面的提升。

表 2-1 英伟达 Tesla 系列产品的部分关键指标

产品型号	GPU	架构	SM/个	CUDA 核心单元/个	张量核心单元/个	GPU 超频频率/MHz	FP32 单元峰值/TFLOPS	FP64 单元峰值/TFLOPS	张量单元峰值(FP16)/TFLOPS	存储器接口	存储器容量/GB	TDP/W	晶体管数量/10亿根	芯片大小/mm²	工艺/nm
Tesla M2090	GF110	Fermi	16	512	NA	NA	1.33	0.67	NA	384 bit GDDR5	6	250	3.0	520	40
Tesla K40	GK100	Kepler	15	2880	NA	810/875	5.05	1.68	NA	384 bit GDDR5	12	235	7.1	551	28
Tesla M40	GM200	Maxwell	24	3072	NA	1114	6.84	0.21	NA	384 bit GDDR5	24	250	8.0	601	28
Tesla P100	GP100	Pascal	56	3584	NA	1480	10.6	5.30	NA	4096 bit HBM2	16	300	15.3	610	16
Tesla V100	GV100	Volta	80	5120	640	1530	15.7	7.83	125	4096 bit HBM2	16	300	21.1	815	12 FFN
Tesla T4	TU104	Turing	40	2560	320	1590	8.14	0.25	65	256 bit GDDR6	16	70	13.6	545	12
Tesla A100	GA100	Ampere	108	6912	432	1410	19.5	9.75	312	5120 bit HBM2E	40	250	54.2	826	7
Tesla H100	GH100	Hopper	132	16896	528	1780	60.0	30.0	1000	5120 bit HBM3	80	700	80	814	4

SM——streaming multiprocessor, 流式多处理器
CUDA——compute unified device architecture, 计算统一设备体系结构
TFLOPS——floating-point operations per second, 每秒浮点数操作数
TDP——thermal design power, 热设计功耗
GDDR——graphics double data rate, 图形双倍数据速率

Hopper 架构是英伟达在 2022 年推出的 GPGPU 架构，其旗舰产品 Hopper H100 SXM 相比于上一代旗舰级产品，具有以下优势。

① 在 Tensor Core 上提供 3 倍的吞吐量，其中包括 FP32 和 FP64 数据类型，具有下一代 Tensor Core、更多的流式多处理器（SM）和更高的时钟频率。

② 通过改进硬件，以及与添加的 FP8 数据类型和新的 Transformer 引擎相结合，可提供 6 倍于 A100 GPU 的吞吐量。Transformer 引擎显著加速了基于 Transformer 的模型（例如大型语言模型）的人工智能计算。

③ NVIDIA NVLink 和 NVIDIA NVSwitch 技术使单个节点内 8 个 GPU 的 all-reduce 吞吐量提高了 3 倍，跨 32 个节点的 256 个 GPU 提高了 4.5 倍。这对于模型并行化和大规模分布式训练特别有用。

对于现实世界的深度学习应用程序，加速的情况因工作负载而异。语言模型通常比基于视觉的模型（近 2 倍）受益更多（近 4 倍），需要模型并行化的特定大型语言模型可以实现高达 30 倍的推理速度。

总体而言，H100 为所有深度学习应用程序提供了全面的升级，并针对涉及结构化稀疏性（例如自然语言处理、视觉处理、药物设计等）和大规模分布式工作负载的计算任务进行了优化。

（2）AMD

相比于英伟达的 GPU，AMD 公司（简称 AMD）的 GPU 产品在很长的一段时间内沿用超长指令字（very long instruction word，VLIW）架构，所以在通用计算领域的应用受到较大的限制。2011 年，AMD 退出了采用 GCN（graphics core next）架构的 GPU 产品市场，之后逐渐在通用计算领域取得一定的市场。表 2-2 列出了 AMD GPU 产品的部分关键指标。

表 2-2　AMD GPU 产品的部分关键指标

产品型号	架构	GPU 超频频率/MHz	FP32 单元峰值/TFLOPS	存储器接口	存储器容量/GB	TDP/W	晶体管数量/10 亿根	芯片大小/mm²	工艺/nm
Radeon R9270	GCN 1	925	2.37	256 bit GDDR5	2	150	2.8	212	28
Radeon R9390x	GCN 2	1050	5.91	512 bit GDDR5	8	275	6.2	438	28
Radeon R9Fury	GCN 3	1000	7.17	4096 bit HBM	4	275	8.9	596	28

续表

产品型号	架构	GPU 超频频率/MHz	FP32 单元峰值/TFLOPS	存储器接口	存储器容量/GB	TDP/W	晶体管数量/10 亿根	芯片大小/mm²	工艺/nm
Radeon RX580	GCN 4	1340	6.18	256 bit GDDR5	8	185	5.7	232	14
Radeon RX Vega64	GCN 5	1546	12.7	2048 bit HBM2	8	295	12.5	495	14
Radeon Pro W5700X	RDNA 1	2040	10.4	256 bit GDDR6	16	205	10.3	251	7
Radeon RX 6900XT	RDNA 2	2250	20.6	256 bit GDDR6	16	300	26.8	505	7
Radeon RX 7900XT	RDNA 3	2400	43.0	320 bit GDDR6	20	300	58	308	5

GCN 架构采用计算单元。在 GCN 1 架构中，每个计算单元内部拥有 4 组 SIMD 阵列，这 4 组 SIMD 阵列的同步运行使每个计算单元在每周期可以执行 4 个线程，具备了多指令流多数据流（multiple instruction stream multiple data stream，MIMD）计算模型的特点。每个 SIMD 阵列拥有 16 个 ALU，因此采用 GCN 1 架构的显卡 Raden R9270 便有 20 个计算单元、80 组 SIMD 阵列和 1280 个流处理器（streaming processor，SP）。GCN 架构是 AMD 针对 3D 渲染和 GPU 通用计算这双重使命而设计的架构。

AMD 显卡的新架构来源于 GCN 的 RDNA，但做了大幅度改进和增强：采用 7 nm 生产工艺；拥有更快的 GDDR6 显存，相对于 GDDR5，其显存带宽提升了 2 倍。在计算单元组成上，RDNA 架构将 GCN 5 架构每个计算单元中的 64 个流处理器分为两组，每组 32 个，并配备 2 倍数量的标量单元、调度器与向量单元。在缓存方面，RDNA 架构加入 128 KB 的 16 路 L1 缓存，并将 L0 缓存与流处理器之间的载入带宽提升了 2 倍。此外，RDNA 架构还提升了图形流水线的效率。

2．我国的 GPU 厂商

近年来，国内的 GPU 厂商也推出了较为成熟的产品，在性能上不断追赶行业主流产品，甚至在特定领域达到业界一流水平。在发展路线方面，国产 GPU 有两条主要的发展路线，分别为传统的二维/三维图形渲染 GPU 和专注于高性能计算的 GPGPU。在生态方面，国内的 GPU 厂商大多兼容英伟达的 CUDA，融入大生态进而实现客户端导入。

寒武纪。中科寒武纪科技股份有限公司（简称寒武纪）自 2016 年成立以来，一直专注于人工智能芯片产品研发与技术创新，致力于打造人工智能领域的核心处理器芯片。2022 年，寒武纪正式发布训练加速卡 MLU370-X8，搭载双芯片四芯粒思元 370，集成寒武纪 MLU-Link™多芯互联技术，在业界广泛应用于 YOLOv3、Transformer 等训练任务中。

海光信息。海光信息技术股份有限公司（简称海光信息）主要从事高端处理器、加速器等计算芯片产品和系统的研发、设计和销售，产品包括海光 CPU 和海光 DCU（deep computing unit，深度计算单元）。其中，DCU 系列产品海光 8100 采用先进的 FinFET 工艺，以 GPGPU 架构为基础，兼容通用的"类 CUDA"环境，以及国际主流商业计算软件和人工智能软件，可充分挖掘应用的并行性，发挥其大规模并行计算的能力。

景嘉微。长沙景嘉微电子股份有限公司（简称景嘉微）致力于信息探测、处理与传递领域的技术和综合应用。该公司先后自研制成功 JM5 系列、JM7 系列、JM9 系列高性能 GPU 芯片，其中的 JM9 系列两款图形处理芯片皆已完成阶段性测试工作，并进入放量阶段。JM9 系列芯片应用领域广泛，可满足个性化桌面办公、网络安全保护、轨交服务终端、多屏高清显示输出和人机交互等多样化需求。

芯原股份。芯原微电子（上海）股份有限公司（简称芯原股份）依托自主半导体知识产权（intellectual property，IP），为客户提供平台化、全方位、一站式芯片定制服务和半导体 IP 授权服务，拥有独特的"芯片设计平台即服务"经营模式。该公司的 GPU IP 已被众多主流和高端的汽车品牌所采用，同时基于约 20 年 Vivante GPU 的研发经验，推出的 Vivante 3D GPGPU IP 还可提供从低功嵌入式设备到高性能服务器的计算能力，满足广泛的人工智能计算需求。

壁仞科技。上海壁仞科技股份有限公司（简称壁仞科技）创立于 2019 年，在 GPU、领域专用架构（domain specific architecture，DSA）和计算机体系结构等领域具有深厚的技术积累。2022 年 8 月发布的通用 GPU——BR100 创下全球通用 GPU 算力记录，峰值算力是国际厂商在售旗舰产品的 3 倍以上。

摩尔线程。摩尔线程专注于设计高性能通用 GPU 芯片，提供图形计算和 AI 计算的元计算平台。2022 年 11 月，公司推出基于第二代元计算统一系统架构（meta-computing unified system architecture，MUSA）的处理器"春晓"，并基于"春晓"发布面向消费领域的显卡 MTT S80 和面向服务器应用的 MTTS3000 显卡。

芯动科技。芯动科技（珠海）有限公司（简称芯动科技）是国内一站式 IP 和芯片定制及 GPU 企业，聚焦计算、存储、连接等三大赛道。该公司推出的芯动风华系列 GPU 性能强劲、跑分领先、功耗低、自带智能计算能力，且全面支持国内外 CPU/操作系统和生态，其中包括 Linux、Windows 和 Android。

兆芯。上海兆芯集成电路股份有限公司（简称兆芯）成立于 2013 年，提供高效、兼容、安全的自主通用处理器和芯片组等产品。该公司目前已推出 Arise-GT10C0 芯片及 Glenfly Arise-GT-10C0 显卡，内置完全独立自主研发的新一代图形图像处理引擎，兼容 Windows 等主流操作系统，同时可在 Intel x86、ARM[1]、MIPS[2]等主流硬件台操作运行，支持多种图形和图像的接口标准。

天数智芯。上海天数智芯半导体有限公司（简称天数智芯）致力于开发自主可控、国际领先的高性能通用 GPU 产品并提供解决方案，是通用 GPU 高端芯片及超级算力系统提供商。该公司推出的通用 GPU 推理产品"智铠 100"计算性能高、应用覆盖广、使用成本低，支持 FP32、FP16、INT8 多精度混合计算，可提供最高 384TFLOPS@int8、96TFLOPS@FP16、24TFLOPS@FP32 的峰值算力，800 GB/s 的理论峰值带宽，以及 128 路并发的多种视频规格解码能力。

沐曦。沐曦集成电路（上海）有限公司（简称沐曦）于 2020 年 9 月成立于上海，致力于为异构计算提供全栈 GPU 芯片及解决方案。公司拥有完全自主研发的 GPU IP、指令集和架构，以及兼容主流 GPU 生态的完整软件栈（MXMACA），产品具备高能效、高通用性。目前已推出 MXN 系列 GPU（曦思），用于人工智能推理；MXC 系列 GPU（曦云），用于人工智能训练及通用计算； MXG 系列 GPU（曦彩），用于图形渲染，可满足数据中心对高能效和高通用性的算力需求。

2.2.2 专用计算芯片

本小节将对应用于神经网络计算任务的专用计算芯片进行介绍，包括 FPGA 架构以及主流的 ASIC（以 Google TPU 为例）。

（1）FPGA 架构及其在人工智能方面的应用

FPGA 是在硅片上预先设计实现的具有可编程特性的集成电路，它能够按照设计人员的需求配置指定的电路结构，让用户不必依赖由芯片厂商设计和制造的 ASIC

---

[1] ARM，advanced RISC machine，高级 RISC 机器。
[2] MIPS，microprocessor without interlocked piped stages architecture，一种采取精简指令集计算机（RISC）的处理器架构。

芯片可广泛应用在原型验证、通信、汽车电子、工业控制、航空航天和数据中心等领域。

FPGA采用逻辑单元阵列（logic cell array，LCA）这样一个概念，内部包括可配置逻辑模块（configurable logic block，CLB）、输入/输出（input/output，IO）模块、内部连线等多个部分。FPGA的架构如图2-5所示。FPGA是可编程器件，与传统逻辑电路和门阵列相比，有着不同的结构。具体而言，FPGA利用小型查找表（16×1 RAM）实现组合逻辑，每个查找表连接到D触发器的输入端上，触发器再驱动其他逻辑电路或I/O模块，由此构成既可实现组合逻辑功能又可实现时序逻辑功能的基本逻辑单元模块。这些模块间利用内部连线互相连接或连接到I/O模块。

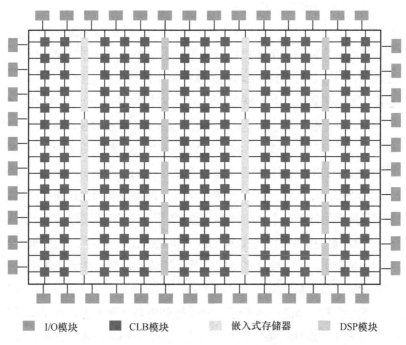

■ I/O模块　■ CLB模块　■ 嵌入式存储器　■ DSP模块

DSP——digital signal processor，数字信号处理器

图2-5　FPGA的架构

FPGA的逻辑是通过向内部静态存储单元加载编程数据来实现的，存储在存储器中的值决定了逻辑单元的逻辑功能，以及各模块之间的连接方式，并最终决定FPGA所能实现的功能。理论上，FPGA可以允许无限次的编程。

相比于ASIC，FPGA具有更强的灵活性、更短的上市时间和更低的研发成本。近年来，随着人工智能的发展，人工智能的算法不断推陈出新，对于硬件的算力和灵活度要求很高，而 FPGA 的灵活性刚好符合人工智能的特性。通过 FPGA，人们可以快速开始定制化运算的研究和设计。基于 FPGA 的灵活性，人们可以保证开发软硬件平台的兼容。如果要获得更高性能，就需要定制 ASIC。如果 ASIC 的价格过于昂贵，或者硬件产品的需求量不足，则可以继续使用 FPGA。等到应用规模扩大到合适时机，再转换为定制化芯片，以提高稳定性，降低功耗和平均成本。

（2）Google TPU

Google TPU 是由谷歌公司推出的专门面向神经网络计算任务的专用计算芯片。与同期的 CPU 或 GPU 相比，Google TPU 在处理神经网络计算任务时可以提供 15～30 倍的性能提升，以及 30～80 倍的效率提升。如此巨大的性能和效率的提升，主要是因为 TPU 通过以下几方面进行了加速。

① 使用量化方法。在神经网络的推理阶段，TPU 使用 8 bit 整数对浮点数进行量化。在保持适当准确度的前提下，TPU 通过量化方法将浮点计算转换为整数计算，大大缩小了 TPU 的硬件尺寸，降低了功耗，从而带来性能上的提升。

② 使用大量计算单元。由于整数计算比浮点计算的硬件尺寸和功耗更小，因此 TPU 能够包含比 GPU 更多的计算单元。目前，主流 GPU 通常包含数千个 32 bit 浮点乘法器，而 1 个 TPU 包含 65536 个 8 bit 整数乘法器，这带来了数十倍的性能提升。

③ 使用 CISC。TPU 采用复杂指令集计算机（complex instruction set computer，CISC）作为指令集基础，定义了十几个专门为神经网络推理而设计的高级指令。这些指令中封装了神经网络计算最本质的操作，在保留了一定的可编程性的同时，减小了指令的执行次数，从而避免了中间结果数据的产生和搬运过程，实现了出色的性能功耗比。

④ 使用脉动阵列。TPU 设计了 MXU 作为矩阵处理器，能够在单个时钟周期内处理数十万次运算，即矩阵运算。与传统 CPU 和 GPU 的计算单元不同，MXU 使用脉动阵列作为底层结构。如图 2-6 所示，脉动阵列将多个算术逻辑单元串联在一起，复用从一个寄存器中读取的结果，这种结构能够在一个周期内进行大量计算，大大提高了 TPU 的性能。

⑤ 极简设计思想。与 CPU 和 GPU 相比，TPU 采用极简设计思想，专注于神经网络计算任务，不考虑缓存、分支预测、多通道处理等问题。一方面，TPU 将芯片上更多的面积用于存储单元和运算单元，提高了芯片计算能力。另一方面，TPU 是一个面向神经网络推理运算的单线程芯片，能够轻易地预测一个神经网络推理任务完成计算的时间，从而让芯片以吞吐量接近峰值的状态运行，同时严格控制时延。

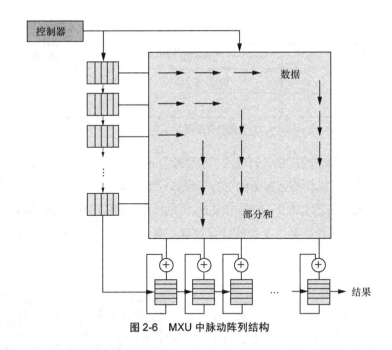

图 2-6　MXU 中脉动阵列结构

2.2.3　颠覆性计算芯片

除了上述芯片外，近年来，还出现了一些不同于传统冯·诺依曼体系结构的颠覆性人工智能计算芯片，例如存内计算芯片和神经计算芯片。

（1）存内计算芯片

随着云计算和人工智能应用的发展，面对计算中心的数据"洪流"，数据"搬运慢"、"搬运"能耗大等问题成为计算的关键瓶颈。从处理单元外的存储器提取数据，搬运时间往往是运算时间的成百上千倍，整个过程的无用能耗占比为 60%～90%，能效非常低，"存储墙"成为数据计算应用的一大障碍。表 2-3 所示数据搬运占人工智能计算的主要功耗展示了这种现状，由此可知，深度学习加速的最大挑战就是数据在计算单元和存储单元之间频繁地移动。

表 2-3　数据搬运占人工智能计算的主要功耗

项目	数据带宽	数据搬运能耗
片外 HBM	~960 GB/s	~10 nJ
片外 DDR4	~40 GB/s	~10 nJ

续表

项目	数据带宽	数据搬运能耗
片内 SRAM	10～100 TB/s	50 pJ
计算功耗	—	5 pJ

SRAM——static random access memory，静态随机存储器

存内计算这一概念的提出，打破了"存储墙"的制约。存内计算可理解为在存储器中嵌入计算能力，以新的运算架构进行二维和三维矩阵乘法/加法运算，而不是在传统逻辑运算单元或工艺上优化，这样便能从本质上消除不必要的数据搬移导致的时延和功耗，成百上千倍地提高人工智能计算效率。图 2-7 展示了存内计算与传统计算的对比。

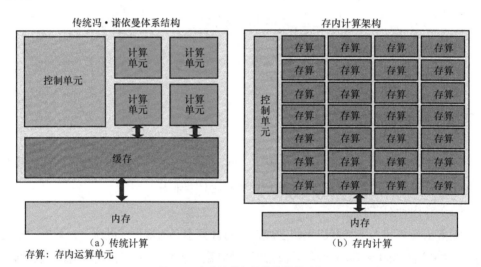

存算：存内运算单元

图 2-7　存内计算与传统计算的对比

存内计算芯片的基本架构如图 2-8 所示。人工智能计算任务中存在的大量矩阵乘法，这种计算本质上是乘累加运算。存内计算芯片将计算直接映射到存储结构中，可以获得最高的能效比和最小的时延。具体而言，神经网络模型的权重可以映射为子阵列中存储单元的电导率，而输入特征图（feature map）作为行电压并行加载（图 2-8 中 WL 方向），然后以模拟方式进行乘法运算（即输入电压乘以权重电导），并通过对列上的电流求和（图 2-8 中 BL 方向）来生成输出向量。之后，模数转换器（analog-to-digital converter，ADC）、灵敏放大器（sense amplifier，SA）等模块处理后的输出可经过移位加法（shift-add）模块重建跨多列的乘法或加法操作，以提升计算

精度。此外，存内计算还支持多位权重/输入/输出精度。根据存储单元的精度，一个多位权重可能被分成多个存储单元。例如，如果每个单元使用 2 bit，则 8 bit 权重可以由 4 个存储单元表示。

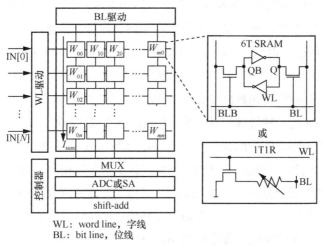

图 2-8　存内计算芯片的基本架构

应用上述结构，存内计算技术的核心优势为：减少不必要的数据搬运，降低能耗为之前的 1/100～1/10；直接存储单元参与逻辑计算以提升算力，能够在面积不变的情况下规模化增加计算核心数量；节约大量 D 触发器占用的芯片面积。

尽管存内计算技术仍处于学术研究阶段，存在计算精度不足、算法适配较差、编译器适配难等问题，但它仍然在人工智能领域具有广阔的前景。未来，随着存内计算技术的不断进步和应用场景的不断催生，存内计算将成为人工智能计算领域的主要架构。

（2）神经计算芯片

神经计算芯片又称类脑芯片，顾名思义，就是模拟大脑工作方式的芯片。众所周知，人脑神经元受到刺激后，其细胞膜内外带电离子分布将发生变化，因而形成电位差，电位差将沿着神经细胞轴突、树突双向传导，形成脉冲电流。而当该电信号传递到突触时，突触前神经元将释放神经递质，由突触后神经元接受神经递质产生愉快，并向下传递，作用于人体反应器并发生反应。

神经计算芯片模拟人脑进行设计。相比于传统芯片，它在功耗和学习能力上有更大优势。传统的计算机芯片依循冯·诺依曼体系结构而设计，存储与计算在空间上是分离的。计算机每次进行运算都需要在 CPU 和内存这两个区域往复调用，频繁的数据交换导致处理海量信息的效率很低。此外，芯片在工作时，大部分电能转化为热能，导致功耗提高。神经计算芯片的研究基于微电子技术和新型神经形态器件的结合,希望突破传统计算架构,实现存储与计算的深度融合,以大幅提升计算性能,提高集成度,降低能耗。

目前,市场上已存在多种神经计算芯片,其中包括 IBM 公司推出的名为 TrueNorth 的第二代神经计算芯片。该神经计算芯片采用 28 nm 硅工艺制作,包括 54 亿个晶体管和 4096 个处理核,相当于一百万个可编程神经元,以及 2.56 亿个可编程突触。

TrueNorth 的每个处理核包含约 120 万个晶体管,其中少量晶体管负责数据处理和调节,大多数晶体管用作数据存储及与其他核心的通信。此外,每个核心都有自己的本地内存,能通过一种特殊的通信模式与其他核心快速沟通,其工作方式非常类似于人脑神经元与突触之间的配合,只不过化学信号在这里变成了电流脉冲。IBM 公司把这种结构称为神经突触内核架构。与第一代类脑芯片相比,TrueNorth 芯片性能大幅提升,其神经元数量由 256 个增加到一百万个,提高近 4000 倍;可编程突触数量由 262144 个增加到 2.56 亿个,提高近 1000 倍;每秒可执行 460 亿次突触运算,总功耗仅为 70 mW,每平方厘米功耗为 20 mW,是第一代神经网络计算芯片的百分之一。TrueNorth 处理核体积仅为第一代神经网络计算芯片的 1/15。

除了 TrueNorth 外,英特尔 Loihi 神经拟态芯片、高通 Zeroth 芯片、西井科技 DeepSouth 芯片、浙江大学和杭州电子科技大学联合研制的"达尔文"类脑芯片、AI-CTX 芯片也都在类脑芯片上努力,不过这些产品距离大规模商业化的程度仍然很远。

神经计算芯片作为一种新兴技术,存在多种问题,例如:类脑芯片材料的缺失;对脑的观测和认识不够;类脑芯片的研究门槛高,人才和企业队伍缺失;类脑芯片的工程化难题等。然而,由于相对于传统芯片,它在功耗和集成度上的明显优势,仍然在移动机器人、远程传感器、无人机、单兵装备等低功耗领域具备广阔的发展前景。

2.3 深度学习软件栈

2.3.1 深度学习模型框架

从 20 世纪神经网络的概念提出以来,人工神经网络已经发展了很长时间。在 21 世纪早期,研究人员通常使用一些经典的计算机工具来描述和设计神经网络模型,例如 MATLAB、OpenNN、Torch。然而,这些工具的初衷并非神经网络模型开发,缺乏定制化的用户 API 和对相关硬件的支持让神经网络领域的先驱们不得不忍受烦琐的编程工作和低下的实验效率。随着深度学习的出现和流行，一些专用的深度学习框架应运而生，用户可以更加方便地建立神经网络模型并修改调优，避免将精力浪费在不必要的细节代码实现上。不仅如此，深度学习框架还实现了对底层各类型硬件的对接和兼容，大大压缩了模型需要的训练时间。

深度学习框架对算法的封装、数据的搬运以及计算资源的分配，使研究人员能够从代码实现和硬件调用的桎梏中脱离出来，同时也充分激发了神经网络模型的发展潜力。在各大科技公司以及网络社区的支持下，目前已经涌现了各式各样的软件框架，这些框架在数据抽象化程度、硬件适用范围、用户群体等应用方面各有千秋。一个深度学习框架的好坏并没有绝对的排名，而是取决于用户对具体场景的需求。

（1）Caffe

在早期的深度学习研究中，研究人员不仅需要实现神经网络的特殊运算，还需要针对特定的硬件架构编写专用的异构加速程序，这给使用者增加了极大的负担。贾扬清在加利福尼亚大学伯克利分校攻读博士期间，创建了 Caffe 项目。正如 Caffe 的英文全称 convolutional architecture for fast feature embedding，他最初专注于视觉领域的卷积计算框架。Caffe 基于 C++/CUDA 开发，同时也兼容 Python 和 MATLAB 接口，很适合用于工业界高效的开发。作为早期的深度学习框架之一，研究人员只需要设计神经网络模型的结构，就可以在 CPU 或 GPU 上轻松实现高效的网络推理和训练。对于自定义算子，研究人员只需实现新功能层的定义，其中包括编写前向传播和反向传播的具体计算逻辑。

此外，Caffe 包含大量预训练模型，便于研究人员对这些网络进行修改和微调，实现模型的快速迭代。基于 C++ 的底层框架也使模型可以高效调试并在不同的平台上轻松迁移，这些特点决定了 Caffe 成为早期深度学习框架的佼佼者。在发展中，Caffe 也增加了对其他模型（如递归神经网络）的支持，拓展了应用领域。

（2）TensorFlow

从 2011 年开始，谷歌公司的团队着手开发一个实现广义反向传播算法的框架。基于这个框架，内部研究人员可以快速实验新的深度学习算法并提高算法精度。随着越来越多的工程师和科学家投入到开发中，这个框架变得愈发稳健、便捷、通用。2015 年 11 月，谷歌公司正式发布了 TensorFlow 的白皮书，并开源了 0.1 版本。

和侧重于卷积的 Caffe 相比，TensorFlow 采用了基于图 2-9 所示计算图的计算模型：多种算子组合成一个计算图，数据在图节点上进行计算和流动。这种抽象使模型的搭建更贴近上层算法的设计,而不需要考虑底层硬件的调度与计算实现细节,可以帮助用户更高效地完成工作。自带的张量板工具还提供了很直观的计算图可视化呈现方式,降低了对神经网络模型的学习难度。另一方面,通过将计算图切分为多个子图,整个模型的计算可以分配到多个设备上计算,充分利用硬件资源。

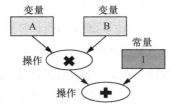

图 2-9 TensorFlow 计算图

TensorFlow 为了解决神经网络模型部署的需求,提供了许多提高端到端深度学习效率的工具,例如用于服务器部署的 TensorFlow Serving 和面向物联网/嵌入式设备的 TensorFlow Lite(TFLite)等,并针对多种平台和多种编程语言的 API 为开发人员提供了广泛的选项。

目前,TensorFlow 有着丰富的计算特性、高效的训练性能、完备的部署方案和极大的用户基数,已经是一款十分成熟的深度学习框架。

(3) PyTorch

基于 Torch 框架,2017 年脸书(Facebook)公司人工智能研究院推出了 PyTorch 框架。虽说同为第二代深度学习框架,在 TensorFlow 还陷在文档和接口混乱的泥潭中时,更简洁易懂的 PyTorch 迅速被学术界接纳,并凭借良好的文档和社区支持获得了用户的大力支持。

PyTorch 的设计追求最少的封装,不像 TensorFlow 中有大量会话(session)、图(graph)、操作对象(operation)等概念,PyTorch 的设计遵循张量(tensor)→变量(variable)→模块(module)这 3 个由低到高的抽象层次。这样的抽象便于对模型的修改和操作,也使代码更易于理解,更贴近原生 Python 的使用,减少了框架本身的束缚,也吸引了大量研究人员加入到使用 PyTorch 进行开发的队伍中。

PyTorch 还有一个优势,即提供的动态计算图生成。比起 TensorFlow 在构建模型时就设计完的静态图,PyTorch 在代码运行前并未创建整个网络,而是执行到哪一步就计算到哪一步。这如同普通的 Python 程序,也为前向运行创造了调试、断点和修改的可能。动态图机制虽然降低了运行的速度和性能,但给更具数学倾向的用户提供了更低层次的接口和更多的灵活性。目前,许多科研人员采用 PyTorch 作为实验工具。

（4）MindSpore

为了解决开发成本高、部署周期长等阻碍深度学习发展的问题，华为公司推出了深度学习框架——MindSpore，为科研人员和工程师提供了统一的模型训练、推理和导出等接口，支持端、边、云等不同场景下的灵活部署，旨在弥合深度学习算法研究与生产部署之间的鸿沟，并能充分发挥昇腾 AI 处理器算力。

MindSpore 整体架构体现在以下四方面。

① 面向用户的模型层：包含预置的模型和开发套件，以及图神经网络和深度概率编程等研究领域拓展库。

② 提供模型开发、训练、推理的接口表达层：支持原生 Python 语法开发和调试神经网络，并提供全场景统一的 C++语言接口。

③ 编译优化：以全场景统一中间表达（MindIR）为媒介，进行全局性能优化，包括自动微分、代数化简等硬件无关优化，以及图算融合、算子生成等硬件相关优化。

④ 运行时：对接并调用底层硬件算子，通过"端–边–云"统一的架构，支持包括联邦学习在内的"端–边–云"协同优化。

MindSpore 特有的动态图/静态图兼容编程执行形态使开发人员可以兼顾开发效率和执行性能。动态图模式支持用户在调试时通过单算子/子图执行，可方便灵活地解决复杂的编程问题；在高效执行时，可以直接切换为静态图，有效感知神经网络各层算子间的关系，基于编译技术进行有效的编译优化以提升性能。高度统一的动态图静态图编程可以将程序局部函数以静态图模式执行，与此同时，其他函数按照动态图模式执行，灵活指定函数片段进行静态图优化加速，而不牺牲穿插执行的编程易用性。

TensorFlow 早期采用静态图，而 PyTorch 采用动态图。静态图可以利用静态编译技术优化网络性能，但是调试模型比较困难。使用动态图更方便，但很难在性能上达到极限优化。MindSpore 使用了一种新的策略，即基于源码转换的自动微分。一方面，它支持流程控制的自动微分，使得构建模型非常方便。另一方面，它仍然可以对神经网络进行静态编译优化，获得良好的性能。

为了提供"端–边–云"全场景的深度学习框架，MindSpore 可以适应不同的硬件环境和不同环境的差异化需求，如支持端侧的轻量化部署，以及支持云侧丰富的训练功能如混合精度、模型易用编程等。MindSpore 上训练出来的模型可通过工具 serving 部署在云服务中执行，也可通过 MindSpore Lite 在服务器、端侧等设备上执行。同时 MindSpore Lite 还支持通过独立工具 convert 进行模型的离线优化，实现推理时框架的轻量化以及模型执行高性能的目标。

MindSpore 作为全新的深度学习框架，实现了易开发、高效执行、全场景覆盖三大目标，并提供了对第三方框架和第三方芯片的大力支持，实现更好的资源利用和隐私保护，让开发人员能专注于人工智能应用的创造。

2.3.2 深度学习编译框架

随着深度学习的不断发展，新的算子与处理器的不断出现意味着将它们集成到依赖于算子库的深度学习框架中，将付出较大的成本。同时，由于神经网络中出现越来越多的内存密集型算子，它们的性能瓶颈在输入/输出数据的访存上，难以通过对算子库中的算子做单独优化来提升整体性能，需要进行算子之间的融合来减少访存。但是，单纯依靠深度学习框架难以做到这一点，因此，深度学习编译器被提出，如加速线性代数（accelerated linear algebra，XLA）、张量虚拟机（tensor virtual machine，TVM）等。深度学习编辑器通过编译技术来实现算子生成，使用户更加方便地实现高性能的新算子，更方便地添加新的处理器后端，同时算子融合的实现也变得非常方便。

（1）XLA

虽然深度学习框架允许用户灵活地定义计算图，但让计算图高效执行是一个挑战。深度学习框架中的算子是逐个执行的，也就是单个计算密集型算子，如卷积、矩阵乘。不同硬件平台都为它们提供了高效实现的计算库，这些计算库能够提升神经网络在框架中的运行速度。但是，现代神经网络同样包含大量访存密集型算子（如激活函数、规约计算），它们的计算强度低，执行这些算子的大部分时间花费在内核启动，以及对输入/输出数据的内存读/写上，很难通过针对这些算子的单独优化带来整体的性能提升。同时，现代深度学习框架允许用户通过框架提供的基本算子来构建上层的复杂算子，其意图是减轻用户手写底层算子的负担，但是这会导致计算图中的算子数量增加，进一步加重了性能问题。

为了解决如上问题，谷歌公司开发了 XLA，这是一款针对 TensorFlow 计算图进行优化的编译器。XLA 使用 JIT 编译技术分析用户在运行时创建的 TensorFlow 计算图，针对实际运行时的输入张量维度和类型，将多个算子融合在一起，生成高效的机器码。XLA 适用于 CPU、GPU 和自定义加速器（如 TPU）等设备。

XLA 的编译流程如图 2-10 所示。XLA 接收到 TensorFlow 计算图后，将其转换为中间表示——高级优化器（high level optimizer，HLO）后，先进行目标无关优化，例如公共子表达式消除、算子融合等。优化后的 HLO 被发送到后端，后端可以执行进一步目标相关优化,最后生成 LLVM IR,并使用 LLVM 进行底层优化和目标代码生成。

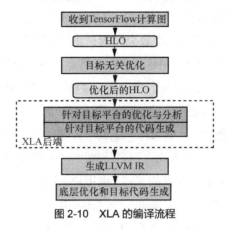

图 2-10　XLA 的编译流程

（2）TVM

为了提升深度学习模型的执行速度,许多硬件厂商推出了经过高度手工优化的算子库,供深度学习框架调用。然而,随着深度学习的不断发展,新的算子层出不穷,原有的算子库已经无法覆盖现有算子。此外,新的硬件加速设备也在不断涌现,用来加速深度学习模型。每种设备的计算模式、内存组织都各不相同,若每推出一款新硬件就在上面手工实现、优化所有已有算子,这将是一个极大的工程。

为了解决上述问题,华盛顿大学的陈天奇等人提出了 TVM,这是一个端到端的深度学习编译器,可以针对多种硬件后端对神经网络进行优化和部署。TVM 的前端可以接收多种前端框架传入的计算图,经过中间的图级优化和算子级优化,最后面向不同后端硬件生成相应代码。TVM 的整体架构如图 2-11 所示。

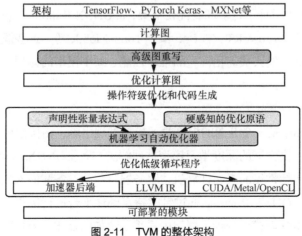

图 2-11　TVM 的整体架构

不同后端设备的计算和访存模式各不相同，同一个算子在不同设备上的最优实现往往有极大差别。为了能够尽可能自动化完成针对不同硬件设备的算子优化过程，TVM 延续了 Halide 中的计算与调度分离思想，使用张量表达式（tensor expression，TE）描述计算过程，使用调度原语将计算面向特定设备进行优化。

进一步地，给定算子的张量表达式和目标硬件，TVM 可以自动搜索出一组最优调度，尽可能使算子在目标硬件上的执行性能达到最优。整体过程分为两个阶段：采样和评估。TVM 会从搜索空间中采样一组调度，随后评估张量程序经过这一组调度之后的执行性能，并经过不断迭代得到最优调度。采样阶段包含两步，分别为调度（scheduling）和调优（tuning）。早期的 TVM 由用户手写参数化调度模板，由 AutoTVM 对其中的参数进行自动调优（auto tuning）。Ansor 则构造了更大的搜索空间，可以同时实现自动调度（auto scheduling）和自动调优，避免了人工手写模板的工作量。在评估阶段，为了避免将每次采样得到的程序在硬件上执行所带来巨大开销，AutoTVM 和 Ansor 都使用了基于机器学习的方法，通过在真实硬件上测得的数据来训练一个机器学习模型（如 XGBoost）。大多数时候，人们可直接使用这个训练好的模型预测程序的性能，并以此来提升评估期间的速度。

2.3.3 深度学习模型部署优化框架

在深度学习领域，开发与训练高性能模型固然至关重要，但将这些模型成功部署到实际应用中也存在很多挑战。深度学习模型在部署过程中需要考虑硬件平台的限制、模型的大小和速度等因素。为了帮助开发人员在不同平台上高效地部署深度学习模型，学界与业界也设计了许多部署优化框架，如 ONNX Runtime（open neural network exchange runtime）、TensorRT、TFLite 和 PyTorch Mobile 等。这些框架提供了一系列工具和技术，帮助开发人员优化模型的推理性能、减小模型的体积，并针对不同的硬件平台进行优化。

（1）ONNX Runtime

ONNX Runtime 是一个开源的深度学习模型推理引擎，由微软公司开发和维护，旨在提供跨平台、高性能的深度学习模型推理解决方案。ONNX Runtime 可在多种硬件平台上运行，包括常见的桌面计算机、服务器、移动设备和嵌入式系统，并实现最佳的性能和效率。ONNX Runtime 通过针对特定硬件平台进行优化和并行计算，实现快速且高效的深度学习模型推理。框架中采用了诸如图优化、内核融合、自动并行处理等技术，以提高推理速度和减少资源消耗。ONNX Runtime 支持多种深度学习模型框架中模型的部署，包括 PyTorch、TensorFlow、Keras 和 CNTK。它还能够加载和推理各种常见的模型格式，如 ONNX、TFLite、Caffe2 和 Core ML 等，帮助开发人员灵活地使用和部署各种模型。

ONNX Runtime 能够处理动态图和静态图两种模型表示——动态图适用于动态构建和调整模型结构的场景，静态图适用于固定模型结构的情况——这使得开发人员能够在不同的框架和模型类型之间无缝切换，无须进行烦琐的模型转换。ONNX Runtime 具有轻量级设计，因此在资源受限的设备上也能高效运行。它还提供了一系列针对移动设备和嵌入式系统的优化，包括模型压缩、量化和模型缓存，以满足资源和功耗的要求。使用 ONNX Runtime 向端侧设备进行模型部署的流程如图 2-12 所示。

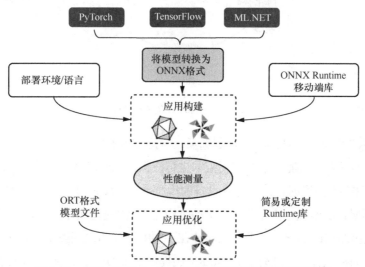

图 2-12　使用 ONNX Runtime 向端侧设备进行模型部署的流程

（2）TensorRT

TensorRT 是由英伟达公司开发的高性能推理引擎和优化器，专门用于加速深度学习模型的推理过程，其主要功能如图 2-13 所示。它针对 NVIDIA GPU 进行了高度优化，旨在提供低时延和高吞吐量的模型推理解决方案，通过对模型进行各种优化来提高推理性能。它使用高效的张量操作和内存管理策略，以最大限度地减少内存占用和数据传输开销。此外，TensorRT 还支持运算融合、图剪枝、层融合等技术，以减少计算量和加速推理过程。TensorRT 支持多种常见的深度学习网络层及其运算，包括卷积层、池化层、全连接层、归一化层等，还支持诸如 ReLU、Softmax、BatchNormalization、

Resize 等常用函数，这使得开发人员可以在不同的深度学习模型中灵活使用不同网络层和运算，不需要进行额外的适配和修改。

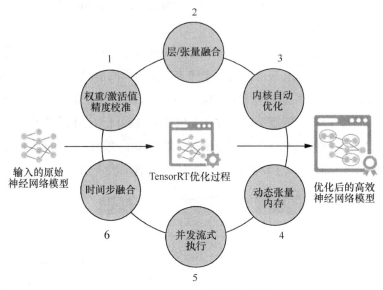

图 2-13　TensorRT 的主要功能

　　TensorRT 提供了灵活的精度控制选项，支持使用 FP32、FP16 和 INT8 等不同精度的计算，使开发人员能够根据应用需求进行权衡，从而提高推理性能和减少内存占用，以实现许多面向实时应用和边缘设备的模型部署。TensorRT 可以处理动态图和静态图两种模型表示形式，动态图适用于动态构建和调整模型结构的场景，而静态图适用于固定模型结构的情况。开发人员能够在不同的框架和模型类型之间无缝切换，无须进行烦琐的模型转换。此外，TensorRT 还提供了多 GPU 的支持，允许将推理工作负载分布到多个 GPU 上，以进一步提高推理性能和吞吐量。它还支持数据并行和模型并行等分布式推理策略，以在模型部署时充分利用多个 GPU 的计算能力。

（3）TFLite

　　TFLite 是 Google 公司开发的针对移动设备和嵌入式系统的轻量级深度学习推理框架，旨在提供高性能、低时延的模型推理解决方案，适用于资源受限的环境，其结构如图 2-14 所示。TFLite 支持对训练好的 TensorFlow 模型进行压缩和转换，以便在移动设备和嵌入式系统上进行部署。该框架中的压缩方法包括权重和激活值对量化，将浮点模型转换为定点表示，从而减小模型的体积并提高了推理效率。TFLite 还可利用不同的硬件平台，如 CPU、GPU 和专用神经网络处理器（如 Google 的 Edge TPU

和 Qualcomm 的 Hexagon DSP）等，提高模型推理的速度和效率。TFLite 提供了针对不同硬件平台的优化库和接口，可充分利用硬件的计算能力。TFLite 能够解析和执行经过压缩和转换的模型，支持常见的深度学习操作，如卷积、池化、全连接和激活等。开发人员可以使用 TFLite 的 API 加载模型进行实时的推理操作。

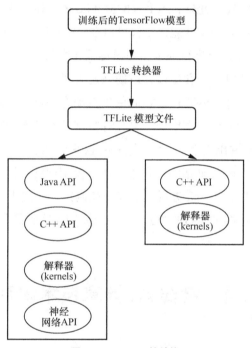

图 2-14　TFLite 的结构

TFLite 支持包括 Android、iOS、树莓派等多种移动设备和嵌入式系统平台，提供针对不同平台的软件开发工具包（software development kit，SDK）和接口，以便开发人员在各种设备上进行部署和集成。TFLite 还提供端到端的工作流程，包括模型训练、转换和部署等环节。开发人员可以使用 TensorFlow 进行模型训练，并使用 TFLite Converter 将训练好的模型转换为 TFLite 格式，最终使用 TFLite Runtime 在移动设备上进行推理操作。

（4）PyTorch Mobile

PyTorch Mobile 是 PyTorch 框架的移动端版本，旨在将深度学习模型推理能力扩展到移动设备和嵌入式系统中，提供一个轻量级的运行时库和工具集，使开发人员能够在资源受限的环境中进行高效的模型推理。PyTorch Mobile 支持将训练好的 PyTorch 模型转换为移动端可执行的格式，通过模型转换剔除训练过程中无用的组件，并应用模型优化技术来减小模型的体积和提高推理性能。该框架使用的模型转换技术包括量化、剪枝、运算融合等。

PyTorch Mobile 通过在移动设备上利用硬件加速器（如 CPU、GPU 和专用神经网络处理器）来实现高性能的模型推理，使用针对移动设备优化的计算库和算法来提高推理速度和减少能耗。此外，PyTorch Mobile 还支持多线程和异步推理，可充分利用多核处理器和提高并发性能，不仅可以在 Android 和 iOS 平台上运行，还可以在其他嵌入式设备/系统上进行部署，如树莓派和嵌入式 Linux 设备。它提供了相应平台的软件开发包（SDK）和接口，以便开发人员轻松地集成和部署深度学习模型。与 PyTorch 框架一样，PyTorch Mobile 支持动态图计算，这意味着开发人员可以使用动态图的灵活性进行模型推理。它允许在移动设备上构建和调整模型结构，并支持动态的输入和输出形状，使开发人员能够更加灵活地使用和部署模型。PyTorch Mobile 与 PyTorch 框架的紧密集成使得模型训练和推理之间的切换变得无缝，开发人员可以使用 PyTorch 进行模型训练和调试，并使用 PyTorch Mobile 将训练好的模型转换为移动端可执行的格式。这种无缝切换能够简化移动应用开发流程，从而提高开发效率。

2.4 全栈 AI 计算技术体系

2.4.1 软硬件协同设计思想

在人工智能计算体系中，软硬件协同设计是指软件和硬件之间密切合作和互相影响的过程，旨在实现高效的人工智能计算和优化性能。它强调软件和硬件之间的紧密集成，确定人工智能算法中计算低效的部分，并设计可以加速这些特定任务的硬件组件，其目标是通过最小化人工智能算法的计算要求与硬件执行能力之间的差距来优化性能。

软硬件协同设计通过软件和硬件之间的密切合作和互相影响，实现整个人工智能计算的优化和协同工作，从而提高整体的性能和效能。一方面，设计人员需要充分理解人工智能应用的需求和特点，其中包括对算法的理解、数据流程、分析和计算负载的评估等。另一方面，基于对应用需求的理解，设计人员可以优化相关的硬件架构，其中包括选择合适的处理器、内存、加速器等硬件组件，以及设计高效的硬件架构和电路。软硬件协同设计强调软件和硬件之间的相互影响和联合优化，软件开发人员和硬件开发人员需要共同合作，通过迭代和优化，不断改进软硬件系统的性能和效率。这可以涉及算法的调整、硬件架构的修改，以及指令集接口的改进，其中包括对数据流和内存访问的优化等方面，以达到最佳的整体性能。

软硬件协同设计的基本思路体现在以下四方面。

① 硬件设计与优化：在软硬件协同设计中，硬件设计需要结合人工智能应用的需求进行优化。这包括选择合适的芯片体系结构、设计高效的硬件加速器和处理器，并在功耗、性能、存储等方面进行权衡。硬件设计师需要与软件开发团队密切合作，以理解软件算法的特点和需求，从而进行相应的硬件架构优化。

② 软件算法与硬件匹配：软件算法是人工智能计算的核心，它需要与硬件进行充分匹配，以发挥硬件的潜力。软件开发人员需要了解硬件的架构和特性，并根据硬件的能力和约束来设计和优化算法。同时，软件开发人员还需要考虑如何利用硬件加速器和处理器的特殊功能，例如向量化指令集和并行计算单元，以提高计算效率。

③ 硬件与软件的接口设计：软硬件协同设计还需要关注硬件和软件之间的接口设计和通信机制。这包括定义和实现高效的数据交换和共享方式，以确保软件能够有效地利用硬件资源。接口设计还需要考虑硬件和软件之间的时序和并发性，以确保数据的正确性和一致性。采用硬件专用的低层框架或指令集——比如采用 OpenCL、OpenACC 加速编程，或专门为深度神经网络模型设计的指令集——可以充分发挥硬件性能。

④ 软硬件联合优化：软硬件协同设计强调软件和硬件之间的相互影响和联合优化。软件开发人员和硬件设计师需要共同合作，通过迭代和优化，不断改进软、硬件系统的性能和效率。在模型训练或部署过程中，软件算法和硬件实现同时进行优化，相互迭代协同完善。软硬件联合优化涉及算法的调整、硬件架构的修改，以及接口的改进等方面，以达到最佳的整体性能。

在全栈 AI 计算链路中，软硬件协同设计在硬件乃至算法的优化上具有广泛的应用。根据人工智能应用的特点和需求，硬件开发人员设计专用的硬件加速器和处理器，以提供高性能、低功耗的计算能力，GPU、NPU 和专用的定制 AI 芯片等是通过软硬件协同设计来满足人工智能计算需求的。软件开发人员可以利用硬件加速器和处理器的特殊功能，如向量化指令集和并行计算单元，来加速算法的执行，提高并行度和执行效率。开发团队能使用联合调试和性能分析工具全面评估系统的性能瓶颈和优化空间，并通过软硬件联合调试，发现和解决软、硬件之间的协同问题，从而提高系统的性能和稳定性。

软硬件协同设计通过紧密合作和优化软、硬件之间的关系实现系统级的协同工作，充分发挥软件和硬件各自的优势，提供更加智能和高效的计算能力，从而提高人工智能应用的性能、效率和能耗。

2.4.2 深度学习系统设计与优化方法

系统设计是指在构建一个复杂的系统时，从整体角度出发，对系统的各个组成部分进行规划、设计和组织的过程。深度学习系统的设计，要考虑性能、可靠性、可扩展性、易用性等多方面指标，从软件、硬件、系统结构等多方面入手进行设计与优化。

在深度学习系统设计过程中，需要遵循以下基本原则。

① 性能：无论在训练还是推理场景中，深度学习系统的性能都至关重要。在训练场景中，高性能的深度学习系统可以用更少的时间完成模型训练，并节省成本，提升模型的版本迭代效率。在推理场景中，低时延会带来更好的用户体验。此外，在神经网络编译部署场景中，高性能的深度学习系统也代表着使用较少的时间来完成模型的编译优化。

② 易用性：深度学习系统的易用性包括多个方面，首先是程序编写、模型构建方面的易用性，开发人员能否快速在系统中构建模型。其次是调试方面，深度学习系统应易于调试，例如 PyTorch 通过动态图的执行方式，使程序调试更易于进行。深度学习系统应为用户屏蔽复杂功能，例如自动求导、自动并行等机制，使开发人员从繁重的工程中解脱，能够更专注于模型本身。

③ 可靠性：深度学习系统的可靠性是指系统在不同情况下的稳定性和准确性，包括训练数据应具有高质量和多样性，它们直接影响模型的泛化能力和可靠性。深度学习模型应能够在面对噪声、异常值或输入变化时保持稳定性和准确性。在经过量化、稀疏等模型压缩过程后，模型应依旧能保持较高的准确率。在训练过程中，各种原因导致的突发情况可能会使模型训练过程终止甚至重新开始，因而系统应具有自动保存和恢复检查点的机制。

④ 可扩展性：可扩展性是指系统为了应对将来需求的变化而提供的一种扩展能力。当有新的需求出现时，系统不需要或者仅需要少量更改就可以支持，而无须整个系统重构或者重建。在深度学习场景下，新需求可以理解为新的算子、模型、处理器，

也可以理解为新的特性,如动态图、稀疏化等。深度学习框架支持用户通过基础算子来构建复杂的新算子,此外也支持添加自定义算子,例如 PyTorch 可通过算子注册的方式添加新算子。深度学习编译器通过多级中间表示,可以让用户方便地添加新的硬件后端,并复用大部分的深度学习编译器基础设施。若考虑更复杂的特性,则系统设计人员需要具有一定前瞻性与工程设计能力。

深度学习系统中有相当多的性能优化方法。下面分别从软件、硬件和系统结构方面给出优化示例,帮助读者对性能优化有个直观的理解。

软件优化:软件优化方法可以大致分为数学等价的优化和数学不等价的优化。数学等价的优化包括手动编写更高效的算子实现,使用等价算子进行算子替换(例如,使用 Winograd 或 FFT 来替换卷积操作),设计更好的算子编译策略,对多个算子进行算子融合。数学不等价的优化包括对模型的剪枝、量化、低秩处理等,通过模型轻量化来加速模型的推理和训练。

硬件优化:可通过设计专门针对深度学习的硬件加速器对深度学习系统进行优化,尤其是针对深度学习中常见的矩阵乘法运算进行硬件加速。例如,Google TPU 和 NVIDIA GPU 均设置了专门的矩阵乘法单元,用于加速深度学习任务。此外,细粒度稀疏和低比特量化虽然难以在通用处理器上获得加速,但可以通过定制化的加速器来实现性能提升。

系统结构优化:通过更高效的互连机制来优化深度学习系统。例如,在单机下的多个 GPU 之间使用 NVLink 进行互连,在多机间使用胖树网络,可减少在系统中通信带宽的瓶颈。

深度学习系统设计不存在最优解,需要结合具体应用场景进行设计。设计人员需要在不同的设计原则与优化方法中进行权衡,这样才能得到一个在特定场景下的好的深度学习系统。

2.4.3 典型驱动范例:昇腾 AI 全栈技术方案

华为公司推出的昇腾 AI 全栈技术方案是一种集成了软件和硬件的全面解决方案,用于实现高效的人工智能计算。昇腾 AI 全栈技术方案架构由 5 层组成,从底到上依次为:Atlas 系列硬件、异构计算架构 CANN(compute architecture for neural network)、AI 框架、应用使能和行业应用。昇腾 AI 全栈技术方案架构如图 2-15 所示。

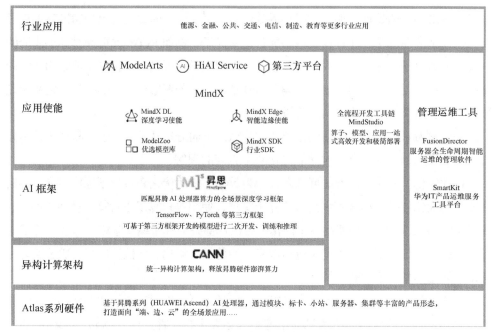

图 2-15　昇腾 AI 全栈技术方案架构

Atlas 系列硬件：基于昇腾 910 和昇腾 310 芯片构建，面向包括端、边、云等应用场景。例如，Atlas 800（型号：9000）是训练服务器，包含 8 个训练卡（Atlas 300 T，采用昇腾 910 芯片）。又如，Atlas 900 是一个人工智能训练集群（Atlas 900 AI 集群），由 128 台 Atlas 800（型号：9000）组成。

异构计算架构：CANN 是对标英伟达的 CUDA+CuDNN 的核心软件层，旨在提升昇腾 AI 处理器的计算效率。该架构支持多种人工智能框架，如 TensorFlow、PyTorch 等，并为昇腾 AI 处理器提供底层服务。CANN 包括多种引擎、编译器、执行器和算子库。

AI 框架：在 AI 框架层面，昇腾计算支持多种深度学习框架，包括华为公司自研的 MindSpore 和其他主流的第三方框架，如 PyTorch、TensorFlow。华为公司不仅进行了这些框架的适配和优化，还公开了适配后的源码，以便开发人员自行编译和安装。

应用使能：包括多个组件，如 ModelZoo、MindX SDK、MindX DL、MindX Edge 等，它们共同目标是降低昇腾 AI 处理器应用开发的门槛并加速部署。

行业应用：主要聚焦于特定领域的人工智能应用，比如医疗、工业、交通等领域，通过提供一站式的解决方案，实现人工智能的快速部署和应用。

通过这 5 层架构，昇腾 AI 全栈技术方案实现了软、硬件的高度集成，提供了从硬件加速到软件优化,再到应用使能和行业应用的全面支持。这种全栈的方法不仅确保了高效和灵活的人工智能计算,也极大地降低了人工智能应用开发的复杂性和成本。

参考文献

[1] CHEN Y H, KRISHNA T, EMER J S, et al. Eyeriss: an energy-efficient reconfigurable accelerator for deep convolutional neural networks[J]. IEEE journal of solid-state circuits, 2016, 52(1):127-138.

[2] JOUPPI N P, YOUNG C, PATIL N, et al. In-datacenter performance analysis of a Tensor processing unit[C]//Proceedings of the 44th annual international symposium on computer architecture. 2017: 1-12.

[3] FLEISCHER B, SHUKLA S, ZIEGLER M, et al. A scalable multi-TeraOPS deep learning processor core for AI trainina and inference[C]//2018 IEEE symposium on VLSI circuits. IEEE, 2018: 35-36.

[4] 华为云开发人员联盟. 解密昇腾 AI 处理器:DaVinci 架构(总览)[EB/OL].(2023-12-25)[2023-12-31].

[5] 连理 o. 昇腾 (Ascend) AI 处理器:达芬奇架构[EB/OL].(2023-12-25)[2023-12-31].

[6] 华为终端. 深度解读达芬奇架构:华为 AI 芯片的「秘密武器」 [EB/OL].(2023-12-25)[2023-12-31].

[7] AAMODT T M, FUNG W W L, ROGERS T G, et al. General-purpose graphics processor architectures[M]. Morgan & Claypool Publishers, 2018.

[8] 吴建明 wujianming. NPU 的算法,架构及优势分析 [EB/OL].(2023-12-25)[2023-12-31].

[9] MILLER. NVIDIA GPU 架构梳理 [EB/OL].(2023-12-25)[2023-12-31].

[10] KAIYUAN. GPU 硬件的发展与特性分析:Tesla 系列汇总 [EB/OL].(2023-12-25)[2023-12-31].

[11] 景乃锋, 柯晶, 梁晓峣. 通用图形处理器设计:GPGPU 编程模型与架构原理[M]. 北京: 清华大学出版社, 2022.

[12] 神经蛙没头脑. 十大国产 GPU 产品及规格概述 [EB/OL].(2023-07-04)[2023-12-31].

[13] KUON I, TESSIER R, ROSE J. FPGA architecture: Survey and challenges[J]. Foundations and Trends® in Electronic Design Automation, 2008, 2(2):135-253.

[14] MONMASSON E, CIRSTEA M N. FPGA design methodology for industrial control systems—A review[J]. IEEE transactions on industrial electronics, 2007, 54(4): 1824-1842.

[15] RONAK B, FAHMY S A. Mapping for maximum performance on FPGA DSP blocks[J]. IEEE Transactions on Computer-Aided Design of Integrated Circuits and Systems, 2015, 35(4):573-585.

[16] An in-depth look at Google's first Tensor Processing Unit（TPU）| Google Cloud Blog [EB/OL].(2023-12-25)[2023-12-31].

[17] 陈巍 博士. 陈巍：存算一体芯片技术及其最新发展趋势 [EB/OL].(2023-12-25)[2023-12-31].

[18] YU S, JIANG H, HUANG S, et al．Compute-in-memory chips for deep learning: recent trends and prospects[J]．IEEE circuits and systems magazine, 2021, 21（3）: 31-56.

[19] SHAPERZ.下一代计算机的终极形态？IBM 的 TrueNorth 强在何处？ [EB/OL].（2023-12-25)[2023-12-31].

[20] XLA architecture [EB/OL].(2023-11-16)[2023-12-31].

[21] CHEN T, MOREAU T, JIANG Z, et al．{TVM}: An automated {End-to-End} optimizing compiler for deep learning[C]//13th USENIX Symposium on Operating Systems Design and Implementation(OSDI 18)．2018: 578-594.

[22] ZHENG L, JIA C, SUN M, et al．Ansor: Generating {High-Performance} tensor programs for deep learning[C]//14th USENIX symposium on operating systems design and implementation(OSDI 20)．2020: 863-879.

[23] LAVIN A, GRAY S．Fast algorithms for convolutional neural networks[C]//Proceedings of the IEEE Conference on Computer Vision and Pattern Recognition. 2016: 4013-4021.

[24] VASILACHE N, JOHNSON J, MATHIEU M, et al．Fast convolutional nets with fbfft: A GPU performance evaluation[J/OL]．arXiv preprint, arXiv:1412.7580.

[25] DENG L, LI G, HAN S, et al．Model compression and hardware acceleration for neural networks: a comprehensive survey[J]．Proceedings of the IEEE, 2020, 108(04): 485-532.

[26] TORRENZA.【昇腾学院】解密昇腾 AI 处理器：DaVinci 架构（总览）[EB/OL].（2019-11-19）[2023-12-31].

[27] TORRENZA.【昇腾学院】昇腾 AI 处理器软件栈：总览 [EB/OL].（2019-11-15）[2023-12-31].

[28] 浪客剑.赋能千行百业，华为 Atlas AI 全栈软件平台揭秘 [EB/OL].（2020-08-20）[2023-12-31].

第 3 章

昇腾 AI 处理器硬件架构

3.1 硬件架构概述

昇腾 AI 处理器是华为公司自主研发的人工智能芯片,本质上是一种单片系统(SoC),可以应用于多种场景,如云计算、边缘计算、端侧计算等,其逻辑架构如图 3-1 所示。

昇腾 AI 处理器主要包括 Ascend 910 和 Ascend 310 两款,采用了华为公司自主设计的达芬奇架构,Ascend 910 支持全场景人工智能应用,而 Ascend 310 主要用在边缘计算等低功耗的领域。昇腾 AI 处理器的主要架构组成部件包括特制的计算单元、大容量的存储单元和相应的控制单元,其处理器主要包括以下几个部分。

芯片系统控制 CPU:昇腾 AI 处理器集成了多个 CPU 核心,负责芯片的整体运行控制,以及与外部设备的通信。每个 CPU 核心都有独立的 L1 和 L2 缓存,所有的 CPU

核心共享一个片上 L3 缓存。昇腾 AI 处理器集成了 ARM CPU 核心，其中一部分用作 AI CPU，执行不适合在 AI Core 上运行的算子任务；另一部分用作控制 CPU，管理芯片内部的资源和调度。

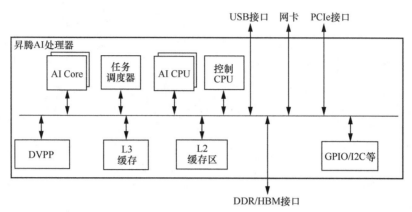

图 3-1　昇腾 AI 处理器逻辑架构

AI 计算引擎：负责执行人工智能相关的计算任务，包括 AI Core 和 AI CPU 两种。AI Core 是昇腾 AI 处理器的计算核心，采用达芬奇架构，也是基于 ARM CPU 核心的扩展。

多层级的 SoC 缓存或缓冲区：负责提供高速、低时延的数据存储和访问能力，支持 AI Core 和 AI CPU 之间的数据交换。昇腾 AI 处理器内部有多级的缓存或缓冲区，包括每个核心单独的 L1 和 L2 缓存，多个核心共享的 L3 缓存，以及针对神经网络参数量大、中间值多的特点而为 AI 计算引擎单独配置的片上缓冲区（L2 缓冲区）。

数字视觉预处理模块（DVPP）：负责完成视频的编解码和格式转换等预处理任务，为 AI 计算引擎提供适合的视觉数据输入。DVPP 可以减轻 CPU 的负担，提高视频处理的效率。数字视觉预处理模块主要具有视频解码器（video decoder，VDEC）、视频编码器（video encoder，VENC）、JPEG 编/解码器（jpeg decoder/encoder，JPEGD/E）、PNG 解码器（PNG decoder，PNGD）和视觉预处理核（vision pre-processing core，VPC）等。

3.2　达芬奇架构

昇腾 AI 处理器采用的达芬奇架构是一种专门用于特定领域的芯片架构，也被称为 DSA 芯片，旨在适应特定领域中常见的应用和算法。

3.2.1 AI Core 整体架构

昇腾 AI 处理器的核心部件主要由 AI Core 构成，AI Core 的基本结构如图 3-2 所示，主要包括计算单元、存储单元、控制单元、存储转换单元等。

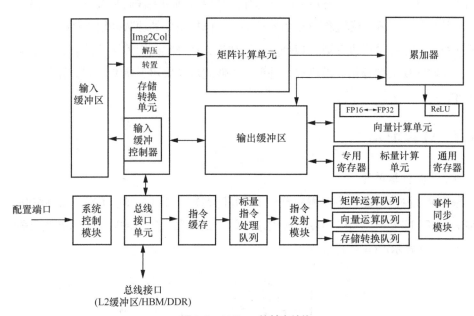

图 3-2　AI Core 的基本结构

计算单元是 AI Core 的核心单元，包括矩阵计算单元（cube unit）、向量计算单元（vector unit）和标量计算单元（scalar unit），分别负责执行与标量、向量和张量相关的计算任务。其中，矩阵计算单元和向量计算单元支持不同精度和类型的计算模式。目前，AI Core 的矩阵计算单元支持 INT8 和 FP16 计算，向量计算单元支持 FP16、FP32 和多种整型数的计算。

在 AI Core 的存储单元中，为了支持数据传输，昇腾 AI 处理器在计算单元周围设计了一系列分布式的片上缓冲区，包括输入缓冲区（input buffer，IB）和输出缓冲区（output buffer，OB），用于存储图像特征数据、网络参数和中间结果。各个计算单元内部还包含高速寄存器单元（如专用寄存器、通用寄存器），用于存储临时变量。

AI Core 内部还设计了存储转换单元（memory transfer unit，MTE），这是达芬奇架构的特点之一，该模块位于输入缓冲区之后，用于高效的数据格式转换。存储转单元主要负责将输入数据通过 Img2Col 方法重新按照一定的格式排列起来。在传统的 GPU 上这一过程通常由软件实现，效率较低。昇腾 AI 处理器的存储转换单元在硬件电路中固化了这个过程，能够快速完成数据转换。这种定制化电路模块的设计提高了 AI Core 的执行效率，尤其适用于深度神经网络中频繁出现的类似转换计算。

AI Core 的控制单元包括系统控制模块、标量指令处理队列、指令缓存、指令发射模块、矩阵运算队列、向量运算队列、存储转换队列和事件同步模块。系统控制模块负责整体运行模式、配置参数和功耗控制等。标量指令处理队列用于译码和控制指令的执行。指令经过译码并通过指令发射模块后，被分配到矩阵运算队列、向量运算队列、存储转换队列等相应模块进行处理。事件同步模块用于协调不同计算单元之间的操作。

3.2.2　计算单元

（1）矩阵计算单元

深度神经网络中通常将卷积运算转化为矩阵运算。图 3-3 展示了矩阵 A 和矩阵 B 的乘法运算，即 $C = A \times B$，其中，m 表示矩阵 A 的行数，k 表示矩阵 A 的列数及矩阵 B 的行数，n 表示矩阵 B 的列数。

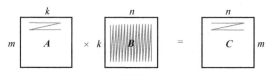

图 3-3　矩阵乘法运算示意

在传统的 CPU 中，实现矩阵乘法运算的典型代码如下。

```
for (m = 0; m < M, m ++ )
    for (n = 0; n < N, n ++ )
        for (k = 0; k < K, k ++ )
C [m] [n] += A[m] [k] * B[k] [n]
```

这个程序需要用 3 个循环进行一次完整的矩阵乘法运算，如果在一个单发射的 CPU 上执行，则至少需要 $m \times k \times n$ 个时钟周期才能完成矩阵乘法运算。当矩阵非常庞大时，执行过程极为耗时，容易成为性能瓶颈。为了解决 CPU 的问题，GPU 采用通用矩阵乘法的方式来实现矩阵乘法。例如对于上述 $C = A \times B$，需要安排 $m \times n$ 个并行的线程，并且每个线程在一个时钟周期内可以完成一次乘加运算，则 GPU 完成整个矩阵运算需要 k 个时钟周期，这个时钟周期是传统 GPU 无法避免的性能时延。

与传统 GPU 采用并行线程的方式不同,达芬奇架构特意对矩阵计算进行了深度的优化,并定制了相应的矩阵计算单元来支持高吞吐量的矩阵处理。通过精巧设计的定制电路和后端优化手段,矩阵计算单元可以用一条指令完成两个维度为 16×16 的矩阵的相乘运算(标记为 16^3,即 16^3,这也是 cubeunit 中 cube 这一名称的来历),这等同于在极短时间内进行了 $16^3 = 4096$ 个乘加运算,并且可以实现 FP16 的运算精度。

矩阵计算单元示意如图 3-4 所示。矩阵计算单元在完成 $A \times B = C$ 的矩阵运算时,会事先将矩阵 A 按行存储在输入缓冲区中,同时将矩阵 B 按列存储在输入缓冲区中,这是因为在矩阵计算过程中,计算单元往往通过改变某个矩阵的存储方式来提升矩阵计算的效率。内存的读取方式具有极强的数据局部性特征。当读取内存中某个数时,计算单元会打开内存中相应的一整行,并将一整行的数据都读取出来,因此在进行矩阵运算时,矩阵 A 按行顺序进行扫描,而矩阵 B 按列顺序进行扫描。这种存储方式可以高效地读取矩阵 A 和矩阵 B 的数据。通过矩阵计算单元计算后得到的结果矩阵 C 按行存储在输出缓冲区中。在矩阵相乘运算中,矩阵 C 的第一元素由矩阵 A 第一行的 16 个元素和矩阵 B 第一列的 16 个元素通过矩阵计算单元子电路进行 16 次乘法和 15 次加法运算得出。矩阵计算单元中存在 256 个矩阵计算子电路,可以由一条指令并行完成矩阵 C 的 256 个元素计算。矩阵计算单元能够快速完成维度为 16×16 的矩阵相乘。然而,当需要计算超过 16×16 大小的矩阵时,需要按照特定的数据格式提前存储矩阵,并在计算过程中以特定的分块方式读取数据。

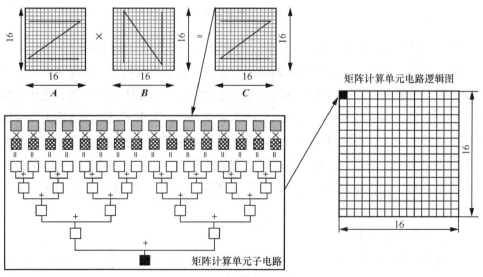

图 3-4 矩阵计算单元示意

除了支持 FP16 数据类型的运算，矩阵计算单元还支持 INT8、UINT8 和 U2 数据类型的运算。对于 INT8，矩阵计算单元可以一次完成一个 16×32 的矩阵与一个 32×16 的矩阵相乘运算。在 U2 数据类型下，矩阵计算单元只支持对 2 bit 的 U2 类型权重的计算。由于现代轻量级神经网络权重为 2 bit 的情况比较普遍，因此计算中可以先将 U2 权重数据转换成 FP16 或者 INT8，再进行计算。

（2）向量计算单元

AI Core 中的向量计算单元主要负责完成和向量相关的运算，其中包括向量和标量、向量和向量之间的运算。功能覆盖各种基本和多种定制的数据类型的计算，主要包括 FP32、FP16、INT32、INT8 等。

如图 3-5 所示，向量计算单元可以快速完成两个 FP16 向量的加法或者乘法。向量计算单元的源操作数和目的操作数通常都保存在输出缓冲区中。对向量计算单元而言，输入的数据连续与否取决于输入数据的寻址模式。

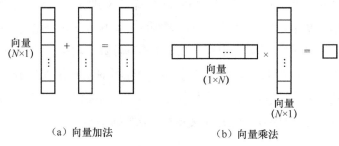

图 3-5　向量运算示意

向量计算单元可以作为矩阵计算单元和输出缓冲区之间的数据通道和桥梁。在完成矩阵运算后，运算结果需要传输到输出缓冲区。在这个过程中，向量计算单元可以执行在深度神经网络，特别是卷积神经网络中常用的 ReLU 激活函数、池化等操作，并进行数据格式的转换。经过向量计算单元处理的数据可以写回到输出缓冲区或矩阵计算单元中，以便进行下一次运算。这些操作可以通过软件结合相应的向量单元指令来实现。向量计算单元提供了丰富的计算功能，可以实现许多特殊的计算函数，从而与矩阵计算单元相互补充，全面完善 AI Core 对非矩阵类型数据计算的能力。

（3）标量计算单元

标量计算单元负责完成 AI Core 中与标量相关的运算。它相当于一个微型 CPU，控制整个 AI Core 的运行。标量计算单元可以对程序中的循环进行控制，实现分支判断,其结果可以通过在事件同步模块中插入同步符的方式控制 AI Core 中其他功能性单元的执行流水。它还为矩阵计算单元或向量计算单元提供数据地址和相关参数的计算,并且能够实现基本的算术运算。其他复杂度较高的标量运算则由专门的 AI CPU 通过算子完成。

标量计算单元周围配备了多个通用寄存器和专用寄存器。这些通用寄存器可用于存储变量或地址,为算术逻辑运算提供源操作数和存储中间计算结果。专用寄存器的设计旨在支持集中特定指令的特殊功能,通常无法直接访问,只有部分寄存器可以通过指令进行读/写操作。

AI Core 中具有代表性的专用寄存器包括 Core ID(用于标识不同的 AI Core)、向量地址寄存器以及 status(AI Core 运行状态寄存器)等。通过监视这些专用寄存器,软件可以控制和修改 AI Core 的运行状态和模式。

3.2.3 存储系统

众所周知,绝大多数深度学习算法属于数据密集型任务,合理地设计数据存储和传输结构对系统的最终性能至关重要。AI Core 通过各种类型的分布式缓冲区之间的协同配合,为深度神经网络计算提供了大容量和实时的数据供应。这样的设计消除了数据流传输的瓶颈,有效支持了深度学习计算中对大规模、高并发数据的快速提取和传输需求。AI Core 能够及时供应所需的数据,从而支撑了深度学习计算的整体性能。

(1)存储单元

为了发挥强大的计算能力,芯片中的计算资源需要确保输入数据能够准确及时地传递到计算单元中。达芬奇架构通过巧妙设计的存储单元来满足计算资源对数据供应的需求。AI Core 的存储单元由存储控制单元、缓冲区和寄存器组成。

存储控制单元通过总线接口直接访问低层级缓存,也可以直接连接到 DDR 或 HBM,实现对内存的直接访问。存储控制单元包含存储转换单元,用于将输入数据转换为 AI Core 中各类型计算单元所兼容的数据格式。缓冲区包括用于临时存储原始图像特征数据的输入缓冲区,以及位于中心且用于存储各种形式的中间数据和输出数据的输出缓冲区。AI Core 中的各类寄存器资源主要供标量计算单元使用,它们扮演重要角色。所有的缓冲区和寄存器的读/写都可以通过底层软件显式地控制。

图 3-2 中的总线接口单元作为 AI Core 的"大门",是一个与系统总线交互的窗

口，并以此通向外部世界。AI Core 通过总线接口从外部的 L2 缓冲区、DDR 或 HBM 中读取或者写入数据，在这个过程中，总线接口可以将 AI Core 内部发出的读/写请求转换为符合总线要求的外部读/写请求，并完成协议的交互和转换等工作。

输入数据从总线接口被读入后，会由存储转换单元进行处理。存储转换单元作为 AI Core 内部数据通路的传输控制器，负责 AI Core 内部数据在不同缓冲区之间的读/写管理，以及完成一系列的格式转换操作，如补零、Img2Col、转置、解压缩等。存储转换单元还可以控制 AI Core 内部的输入缓冲区，从而实现局部数据的缓存。

在深度神经网络计算中，由于输入图像特征数据通道众多且数据量庞大，往往会采用输入缓冲区来暂时保存需要频繁重复使用的数据，以达到节省功耗、提高性能的效果。当输入缓冲区被用来暂存使用率较高的数据时，就不需要每次通过总线接口到 AI Core 的外部读取，从而在减少总线上数据访问频次的同时，也降低了总线上产生拥堵的风险。另外，当存储转换单元进行数据的格式转换操作时，会产生巨大的带宽需求，达芬奇架构要求源数据必须被存储于输入缓冲区中，才能够进行格式转换，而输入缓冲控制器负责控制数据流入输入缓冲区。输入缓冲区的存在有利于将大量用于矩阵计算的数据一次性地搬移到 AI Core 内部，同时利用固化的硬件大幅提升了数据格式转换的速度，避免了矩阵计算单元的阻塞，消除了由于数据转换过程缓慢而带来的性能瓶颈。在神经网络中，每层计算的中间结果可以存储在输出缓冲区中，从而在进入下一层计算时方便地获取数据。由于通过总线读取数据的带宽低、时延大，充分利用输出缓冲区可以大大提升计算效率。

在 AI Core 中，矩阵计算单元包含有直接提供数据的寄存器，提供当前正在进行计算的、维度为 16×16 的左、右输入矩阵。在矩阵计算单元之后，累加器也包含结果寄存器，用于缓存当前计算的、维度为 16×16 的结果矩阵。在累加器配合下，AI Core 可以不断地累积前次矩阵计算的结果，这在卷积神经网络的计算过程中极为常见。在软件的控制下，当累积的次数达到要求后，结果寄存器中的结果可以被一次性地传输到输出缓冲区中。

AI Core 中的存储系统为计算单元提供源源不断的数据，高效适配计算单元的强大算力，综合提升了 AI Core 的整体计算性能。与 Google TPU 设计中的统一缓冲区设计理念相类似，AI Core 采用了大容量的片上缓冲区设计，通过增大的片上缓存数据量来减少数据从片外存储系统搬运到 AI Core 中的频次，从而降低数据在搬运过程中产生的功耗，有效控制整体计算的能耗。达芬奇架构通过存储转换单元中内置的定制电路，可以在进行数据传输的同时实现诸如 Img2Col 或者其他类型的格式转换操作，这不仅节省了格式转换过程中的消耗，同时也节省了数据转换的指令开销。这种能将数据在传输的同时进行转换的指令称为随路指令。硬件单元对随路指令的支持为程序设计提供了便捷性。

（2）数据通路

数据通路是指 AI Core 在执行计算任务时，数据在其内部的传输路径。前文已经以矩阵相乘为例，简要介绍了数据的传输路径。图 3-6 展示了达芬奇架构中一个 AI Core 内完整的数据传输路径，其中的 DDR 或 HBM，以及 L2 缓冲区属于 AI Core 核外的数据存储系统，其他类型的数据缓冲区都属于核内存储系统。

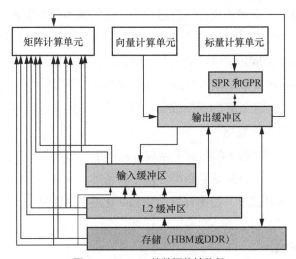

图 3-6　AI Core 的数据传输路径

核外存储系统中的数据可以通过 LOAD 指令直接传送到矩阵计算单元进行计算，计算结果将保存在输出缓冲区中。除了直接发送到矩阵计算单元，核外存储系统中的数据也可以先通过 LOAD 指令传入输入缓冲区，然后通过其他指令传输到矩阵计算单元，这样做的好处是利用大容量的输入缓冲区临时存储需要反复使用的数据。

矩阵计算单元和输出缓冲区之间可以相互传输数据。由于矩阵计算单元的容量有限，一些矩阵计算结果可以写入输出缓冲区，以提供足够的空间进行后续的矩阵计算。当然，输出缓冲区中的数据也可以再次传送回矩阵计算单元，作为后续计算的输入。输出缓冲区与向量计算单元、标量计算单元和核外存储系统之间都有独立的双向数据通路。输出缓冲区中的数据可以通过专用寄存器或通用寄存器进出标量计算单元。

需要注意的是，AI Core 中的所有数据如果需要传输到外部，必须先经过输出缓冲区，才能写入核外存储系统。例如，输入缓冲区中的图像特征数据如果输出到系统内存，则需要通过矩阵计算单元处理后先输入输出缓冲区，最终从输出缓冲区写回核外存储系统。在 AI Core 中，没有直接从输入缓冲区写入输出缓冲区的数据通路，因此，输出缓冲区作为 AI Core 数据流出的关键点，能够统一控制和协调所有核内数据的输出。

达芬奇架构的数据通路具有多进单出的特点，数据可以通过多条数据通路流入 AI Core，可以直接从外部流入矩阵计算单元、输入缓冲区和输出缓冲区中的任意一个。流入路径的方式比较灵活，由不同的数据流水线在软件控制下进行管理。然而，数据输出必须经过输出缓冲区，最终才能输出到核外存储系统，这样的设计是考虑了深度神经网络计算的特点。神经网络在计算过程中往往涉及多种类型和大量的输入数据，例如多个通道、多个卷积核的权重和偏置值，以及多个通道的特征值等。AI Core 中的存储单元相对独立且固定，可以通过并行输入提高数据流入的效率，满足大规模计算的需求。AI Core 设计多条输入数据通路的优势在于可以较少地限制输入数据流，能够持续不断地提供用于计算的原始数据。相反地，深度神经网络计算完成后通常只生成输出特征矩阵等少量数据。

综上所述，达芬奇架构中的数据通路和多进单出的核内外数据交换机制是在深入研究主流深度学习算法，特别是卷积神经网络的基础上开发的，目的是在确保数据流动性的同时，降低芯片成本，提高计算性能和简化控制复杂度。

3.2.4 控制单元

在达芬奇架构下，控制单元在整个计算过程中扮演着重要角色。它相当于 AI Core 的"司令部"，负责指挥整个 AI Core 的运行。由图 3-2 可知，控制单元由系统控制模块、指令缓存、标量指令处理队列、指令发射模块、矩阵运算队列、向量运算队列、存储转换队列和事件同步模块等组成。在指令执行过程中，控制单元可以提前预取后续指令，并一次读入多条指令到缓存中，以提高执行效率。多条指令通过总线接口从系统内存进入 AI Core 的指令缓存，并等待后续的解码和运算处理。解码后的指令被导入标量指令处理队列，其中包括矩阵计算指令、向量计算指令和存储转换指令等。在进入指令发射模块之前，所有指令按顺序作为普通标量指令逐条进行处理。标量指令处理队列将这些指令的地址和参数解码配置好后，由指令发射模块根据类型发送到相应的指令执行队列中，而标量指令留在标量指令处理队列等待后续执行。

指令执行队列由矩阵运算队列、向量运算队列和存储转换队列组成。矩阵计算指令进入矩阵运算队列，向量计算指令进入向量运算队列，存储转换指令进入存储转换队列。同一个指令执行队列中的指令按进入队列的顺序执行，不同指令执行队列之间可以并行执行。多个指令执行队列的并行执行可以提高整体执行效率。当指令执行队列中的指令到达队列头部时，它才进入真正的指令执行环节，并被分发到相应的执行单元中。不同的执行单元可以并行地计算或处理数据，同一个指令队列中指令的执行流程被称为指令流水线。

达芬奇架构通过设置事件同步模块来解决指令流水线之间可能出现的数据依赖问题。事件同步模块不断监控各个流水线的执行状态，并分析不同流水线之间的依赖关系，以解决数据依赖和同步的问题。例如，矩阵运算队列中的当前指令依赖向量计算单元的结果，那么在执行过程中，事件同步控制模块会暂停矩阵运算队列的执行流程，要求其等待向量计算单元的结果。当向量计算单元完成计算并输出结果时，事件同步模块通知矩阵运算队列所需数据已准备好，可以继续执行。只有在事件同步模块允许之后，矩阵运算队列才会发射当前指令。在达芬奇架构中，无论是流水线内部的同步还是流水线之间的同步，它们都通过事件同步模块利用软件控制来实现。

指令执行与控制如图 3-7 所示，其中展示了 4 条流水线的执行过程。首先，标量指令处理队列执行标量指令 0、1 和 2。由于向量运算队列中的指令 0 和存储转换队列中的指令 0 与标量指令 2 存在数据依赖，所以必须等待标量指令 2 完成（时刻 3）才能发射并开始执行。由于指令是按顺序发射的，因此直到时刻 4 才能发射并开始执行矩阵运算指令 0 和标量指令 3，这时 4 条指令流水线可以并行执行。直到标量指令处理队列中的全局同步标量指令 7 生效后，事件同步模块对矩阵流水线、向量流水线和存储转换流水线进行全局同步控制。必须等待矩阵运算指令 0、向量运算指令 1 和存储转换指令 1 全部执行完成后，事件同步模块才允许标量流水线执行标量指令 8。

图 3-2 中的系统控制模块也是一种控制单元。AI Core 在运行之前，需要外部的任务调度器来控制和初始化各种配置信息，例如指令信息、参数信息和任务块信息等。任务块是 AI Core 中最小的计算任务单位。配置完成后，系统控制模块负责控制任务块的执行过程，并在任务块执行完成后进行中断处理和状态报告。如果发生错误，系统控制模块会向报告执行的错误状态，并将当前 AI Core 的状态信息反馈给整个昇腾 AI 处理器系统。

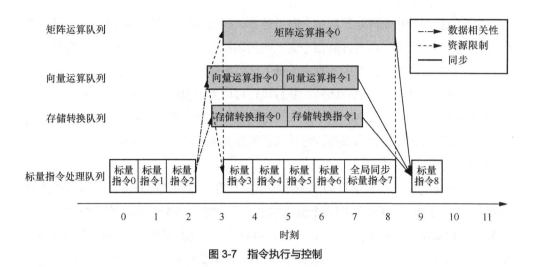

图 3-7　指令执行与控制

3.2.5　指令系统

任何计算任务在处理器芯片上执行时，都需要将其转化为特定的硬件可以理解和处理的语言，这种语言称为指令集架构（instruction set architecture，ISA），简称指令集。指令集包括数据类型、基本操作、寄存器、寻址模式、数据读/写方式、中断、异常处理和外部 I/O 等内容，每条指令描述了处理器的特定功能。指令集是计算机程序可以调用的处理器所有功能的集合，是处理器功能的抽象模型，也是计算机软件与硬件之间的接口。指令系统可以分为精简指令集计算机（reduced instruction set computer，RISC）和复杂指令集计算机（complex instruction set computer，CISC）。精简指令集的特点是每条指令功能简单、执行速度快、编译效率高，不能直接访问内存，仅能通过指令访问内存，例如 ARM、MIPS、OpenRISC 和 RSIC-V 等。复杂指令集的特点是每条指令功能强大且复杂，指令执行周期长，可以直接访问内存，例如 x86。

同样地，昇腾 AI 处理器也有一套专属的指令集，如表 3-1 所示。昇腾 AI 处理器的指令集设计介于精简指令集和复杂指令集之间，包括标量指令、向量指令、矩阵指令、控制指令等。标量指令的功能类似于精简指令集的功能，而矩阵、向量和数据搬运指令的功能类似于复杂指令集的功能。昇腾 AI 处理器的指令集结合了精简指令集和复杂指令集的优势，既实现了单指令功能简单且执行速度快的特点，也具备了对内存操作的灵活性，在处理大数据块时操作简单且效率较高。

表 3-1　昇腾 AI 处理器指令集

常用矩阵指令	指令格式
矩阵运算指令	MMAD.type [Xd], [Xn], [Xm], Xt
常用向量指令	**指令格式**
向量运算指令	VADD.type [Xd], [Xn], [Xm], Xt, MASK
	VSUB.type [Xd], [Xn], [Xm], Xt, MASK
	VMAX.type [Xd], [Xn], [Xm], Xt, MASK
	VMIN.type [Xd], [Xn], [Xm], Xt, MASK
向量比较与选择指令	VCMP.OP.type CMPMASK, [Xn], [Xm], Xt, MASK
	VSEL.type [Xd], [Xn], [Xm], Xt, MASK
向量逻辑指令	VAND.type [Xd], [Xn], [Xm], Xt, MASK
	VOR.type [Xd], [Xn], [Xm], Xt, MASK
数据搬运指令	VMOV [VAd], [VAn], Xt, MASK
	MOVEV.type [Xd], Xn, Xt, MASK
专用指令	VBS16.type [Xd], [Xn], Xt
	VMS4.type [Xd], [Xn], Xt
常用标量指令	**指令格式**
标量运算指令	ADD s64, Xd, Xn, Xm
	SUB s64, Xd, Xn, Xm
	MAX s64, Xd, Xn, Xm
	MIN s64, Xd, Xn, Xm
标量比较与选择指令	CMP.OP.type Xn, Xm
	SEL.b64 Xd, Xn, Xm
逻辑指令	AND.b64 Xd, Xn, Xm
	OR.b64 Xd, Xn, Xm
	XOR.b64 Xd, Xn, Xm
数据搬运指令	MOV Xd, Xn
	LD.Type Xd, [Xn], {Xm, imm12}
	ST.Type Xd, [Xn], {Xm, imm12}
流程控制指令	JUMP {#imm16, Xn}
	LOOP {#uimm16, LPCNT}

矩阵指令由矩阵计算单元执行，实现高效的矩阵相乘和累加操作。例如，对于 $C = A \times B + C$，在神经网络计算过程中，矩阵 A 通常表示输入特征矩阵，矩阵 B 通常表示权重矩阵，矩阵 C 表示输出特征矩阵。矩阵指令支持 INT8 和 FP16 类型的输入数据，支持 INT32、FP16 和 FP32 类型的计算。目前最常用的矩阵指令为矩阵乘加指令 MMAD，其格式如下。

```
MMAD type[Xd], [Xn], [Xm], Xt
```

其中，[Xn]、[Xm]表示指定输入矩阵 A 和矩阵 B 的起始地址；[Xd]表示指定输出矩阵 C 的起始地址；Xt 表示配置寄存器，由 3 个参数组成，分别用 m、k 和 n 表示，其意为矩阵 A、B 和 C 的维度。在矩阵计算中，系统不断通过 MMAD 指令实现矩阵的乘加操作，从而达到加速神经网络卷积计算的目的。

向量指令由向量计算单元执行，类似于传统的 SIMD 指令。每个向量指令可以完成多个操作数的同一类型运算，可以直接操作输出缓冲区中的数据，且不需要通过数据加载指令来操作向量寄存器中存储的数据。向量指令支持的数据类型为 FP16、FP32 和 INT32。向量指令支持多次迭代执行，也支持对带有间隔的向量直接进行运算。

标量指令主要由标量计算单元执行，主要的作用是为向量指令和矩阵指令配置地址和控制寄存器，并对程序执行流程进行控制。标量指令还负责输出缓冲区中数据的存储和加载，以及进行一些简单的数据运算等。

3.3 昇腾 AI 处理器逻辑架构

3.3.1 昇腾 310 处理器逻辑架构

昇腾 310 处理器是华为公司推出的面向边缘计算场景的高性能处理器，其架构及参数如图 3-8 所示。昇腾 310 处理器采用 12 nm 工艺制造，集成了 16 个达芬奇架构的 AI Core，支持 INT8、FP16 和 FP32 等多种精度的计算，具有高性能、低功耗和高集成度的特点。它在各种人工智能场景下都能发挥出色的性能，为深度学习和人工智能应用的发展提供了有力支持。昇腾 310 处理器的架构主要包括以下几个部分。

AI Core。每个 AI Core 包含一个矢量处理单元（vector processing unit，VPU）和一个标量处理单元（scalar processing unit，SPU），其中，VPU 负责执行矢量运算，

SPU 负责执行标量运算和控制流。AI Core 之间通过片上网络（network on chip，NoC）互联，实现高效的数据传输和同步。

规格	描述
结构	AI co-processor
性能	Up to 8TFLOPS@FP16 Up to 16TFLOPS@INT8
编码	16通道解码- H.264/265 1080p30 1通道编码
存储控制器	LPDDR4X
存储带宽	2×64bitzz@3733MTbit/s
接口	PCIe 3.0、USB 3.0、GE等
尺寸	15 mm×15 mm
功率	8TOPS@4W,16TOPS@8W
工艺	12 nm FFC

（a）参数

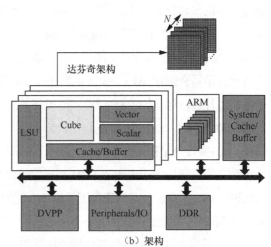

（b）架构

图 3-8　昇腾 310 处理器架构及参数

昇腾 310 是一款面向 AI 场景设计的高性能协处理器，基于华为公司自主研发的达芬奇架构，专注于满足人工智能推理任务的需求，具有高性能、高能效比和灵活的应用适配能力。从参数列表中可以看出，昇腾 310 在 FP16（半精度浮点）计算模式下可以实现 8 TFLOPS 运算，在 INT8（整型 8 位）计算模式下能够达到 16 TFLOPS 操作，适用于多种深度学习应用场景。

在多媒体处理能力方面，昇腾 310 支持 16 路（通道）高清视频的并行解码，兼容主流的 H.264 和 H.265 视频编码格式，支持 1080p 分辨率和 30 帧每秒的流畅播放。同时，它还具备 1 路（通道）视频编码能力，能够有效支持多媒体相关的 AI 推理任务，如视频分析和图像处理等。存储系统方面，昇腾 310 采用 LPDDR4X 内存，提供 2×64 bit 的内存带宽，传输速率高达 3733 MTbit/s，这种高速内存配置能够有效满足深度学习推理过程中对数据高带宽的需求，提升模型运行效率。

在系统接口上，昇腾 310 支持 PCIe 3.0 和 USB 3.0、GE 接口，确保处理器与外围设备或系统的高效连接，进一步扩展了其应用场景。其芯片尺寸为 15 mm×15 mm。在 4 W 的低功耗条件下可以提供 8 TOPS 的计算性能，而在 8W 功耗下则可以实现 16 TOPS 的性能，充分体现了其在低功耗条件下的高性能优势。此外，昇腾 310 采用 12 nm FFC 工艺制造，这种先进的工艺技术进一步提高了芯片的性能和能效比，使其能够在有限的功耗和面积内提供更高的算力。

其核心架构模块——达芬奇架构,包含多个关键模块,包括存储控制单元 LSU、矩阵单元 Cube、向量单元 Vector、标量单元 Scalar、缓存/缓冲区 Cache/Buffer 等核心组件,通过高效的模块化设计实现了计算资源的高度利用,特别是对向量计算和标量计算的优化设计,使其在处理深度学习推理任务时更加高效。并且该架构与 ARM CPU 紧密协作,为 AI 任务提供完整的计算支持。片上共集成了 8 个 A55,其中,一部分部署为 AI CPU,负责执行不适合跑在 AI Core 上的算子(承担非矩阵类复杂计算);一部分部署为专用于控制芯片整体运行的控制 CPU。两类任务占用的 CPU 核数可由软件根据系统实际运行情况动态分配。此外,还部署了一个专用 CPU 作为任务调度器,以实现计算任务在 AI Core 上的高效分配和调度;该 CPU 专门服务于 AI Core 和 AI CPU,不承担任何其他的事务和工作。架构中还集成了 FHD 视频编解码单元、外围接口模块和 DDR 内存的系统级协同设计,这些设计共同确保了昇腾 310 能够灵活适配多种 AI 推理场景,包括自动驾驶、智能安防、边缘计算等。

综上所述,昇腾 310 以其卓越的计算能力、灵活的接口支持、高能效比和全面的架构设计,成为一款高度优化的 AI 推理加速芯片,为多样化的 AI 应用提供了强大的技术支持。

3.3.2 昇腾 910 处理器逻辑架构

昇腾 910 处理器是华为公司推出的面向云端和数据中心场景的人工智能处理器。图 3-9 展示了它和典型人工智能处理器的对比。昇腾 910 处理器采用 7 nm 工艺制造,支持 INT8、FP16 和 BF16 等多种精度的计算,其最大功耗为 310 W,INT8 下的性能达到 640 TOPS,FP16 下的性能达到 320 TFLOPS。昇腾 910 处理器的架构主要包括以下几个部分。

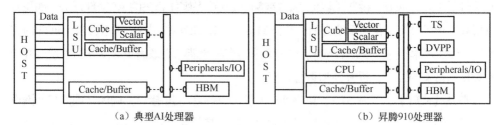

图 3-9 昇腾 910 处理器和典型 AI 处理器架构对比

昇腾 910 处理器是华为推出的一款高性能 AI 训练处理器,基于达芬奇架构设计,其性能在 AI 领域内具有显著优势。昇腾 910 相比典型的 AI 协处理器,在架构上进行了大量优化，旨在为深度学习训练和推理任务提供更高的算力和更强的系统集成能力。

从架构组成来看，昇腾910包括以下关键模块：存储控制单元（LSU）、向量单元、标量单元、缓存/缓冲区，以及多核CPU。这些模块协同工作，确保高效的数据传输和复杂计算任务的执行。昇腾910还集成了专门的AI计算单元Cube（矩阵计算单元），用于大规模矩阵运算，这使其在深度学习训练中表现尤为突出。此外，任务调度器和DVPP的引入增强了任务调度和多媒体处理能力，进一步扩展了其应用场景。

在存储方面，昇腾910采用HBM（高带宽存储器），这显著提升了内存带宽，确保数据传输速度能够满足大规模深度学习模型对存储资源的需求。同时，其外围接口模块支持高速连接外部设备和主机（Host），实现数据的高效交互。

与典型的AI协处理器相比，昇腾910处理器在架构设计上更加复杂和精细。典型协处理器通常需要通过Host（主机）进行数据调度和任务管理，而昇腾910通过集成更多模块，如多核CPU和任务调度器，提升了任务处理的自主性和并行处理能力，大幅降低了对主机的依赖性。此外，其高效的缓存设计和Cube计算单元的优化显著提升了矩阵运算性能，适合深度学习中的大规模矩阵计算任务。

此外，昇腾910的系统设计还集成了HCCS、PCIe和RoCE v2这3种高速接口，为构建横向扩展（scale out）和纵向扩展（scale up）系统提供了灵活高效的方法。HCCS是华为公司自研的高速互联接口，可以提供单接口240 Gbit/s的传输。相比于上一版，HCCS的吞吐量翻倍，芯片上集成了100 Gbit/s RoCE接口，为多节点间提供了高效的数据交互的互联方案，这些互联技术大幅度提升了构建训练系统的性能和灵活性。昇腾910同时融合了DVPP单元，适合包括训练、推理和视频分析在内的多种应用场景，其整体设计充分体现了高能效的特点，是专为大规模深度学习任务优化的AI训练芯片。

综上所述，昇腾910处理器通过创新的硬件架构设计和模块化优化，为AI训练和推理任务提供了极高的计算性能和灵活性。无论是在大规模深度学习模型训练还是复杂推理任务中，昇腾910都展示了其卓越的技术优势。

参考文献

[1] TORRENZA. 解密昇腾AI处理器：Ascend310简介 [EB/OL]. (2019-11-19) [2023-12-31].

[2] TORRENZA. 解密昇腾 AI 处理器：DaVinci 架构（计算单元）[EB/OL].（2019-11-20）[2023-12-31].

[3] TORRENZA. 解密昇腾 AI 处理器：DaVinci 架构（存储系统）[EB/OL].（2019-11-25）[2023-12-31].

[4] TORRENZA. 解密昇腾 AI 处理器：DaVinci 架构（控制系统）[EB/OL].（2019-11-25）[2023-12-31].

第 4 章

昇腾 AI 处理器软件架构

昇腾 AI 处理器在硬件设计上实现了功能与架构的高度适配，为人工智能应用性能的提升提供了强大的硬件基础。对于一个人工智能应用，从各种开源框架到神经网络模型和算子的实现，再到实际芯片上的运行，中间需要多层次软件结构的支撑和管理。昇腾 AI 处理器的软件架构提供了计算资源、性能调优的运行框架，以及功能多样的配套工具，可以作为一套完整的解决方案，使昇腾 AI 处理器发挥出更佳的性能。

4.1 软件框架概述

昇腾 AI 软件栈的工具链将大部分开发细节交由工具来处理，使开发人员能更好地挖掘神经网络的性能，这也从流程开发的速度上促进了昇腾 AI 处理器的高效应用。

昇腾 AI 处理器软件架构主要分为 4 个层次和 1 个辅助工具链，前者具体包括 L3 应用使能层、L2 执行框架层、L1 芯片使能层和 L0 计算资源层。昇腾 AI 处理器软件架构如图 4-1 所示。

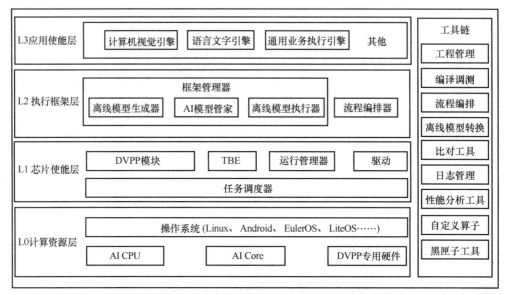

图 4-1　昇腾 AI 软件架构

L3 应用使能层，简称 L3 层。该层是应用级的封装，面向特定的应用领域，提供不同的处理算法，包括计算机视觉引擎、语言文字引擎以及通用业务执行引擎等。计算机视觉引擎提供（视频）图像处理的算法封装，专门处理计算机视觉领域的算法和应用。语言文字引擎提供语音、文本等数据的基础处理算法封装，根据具体应用场景提供语言文字处理功能。通用业务执行引擎提供通用的神经网络推理能力。L3 层通过定义对应的计算流程以及通用业务执行引擎来实现具体功能，为各领域提供计算和处理能力的引擎。

L2 执行框架层，简称 L2 层。该层是框架调用能力和离线模型生成能力的封装，包含框架管理器和流程编排器。L2 层提供神经网络的离线生成和执行能力，能够使离线模型具有推理能力，不依赖深度学习框架（如 Caffe、TensorFlow 等）。L2 层将神经网络的原始模型转化为可在昇腾 AI 处理器上运行的离线模型，并通过离线模型执行器将离线模型传送给 L1 芯片使能层进行任务分配。

L1 芯片使能层，简称 L1 层。该层是离线模型通向昇腾 AI 处理器的桥梁，通过加速库给离线模型计算提供加速功能，负责将算子层面的任务输出到硬件。L1 层主要包括 DVPP 模块、TBE、运行管理器、驱动和任务调度器。任务调度器会处理和分发计算核函数到 AI CPU 或者 AI Core 上，通过驱动激活硬件执行。

L0 计算资源层，简称 L0 层。该层是昇腾 AI 处理器的硬件算力基础，包含操作系统、AI CPU、AI Core 和 DVPP 专用硬件。AI Core 负责完成神经网络的矩阵相关计算，AI CPU 完成控制算子、标量和向量等通用计算，DVPP 专用硬件完成数据预处理功能。操作系统负责三者的紧密协作，为昇腾 AI 处理器的深度神经网络计算提供执行保障。

工具链。这是一套支持昇腾 AI 处理器的平台，方便程序员开发。它提供自定义算子的开发、调试、网络移植、优化和分析功能支撑，以及一套桌面化的编程服务，从而降低深度神经网络相关应用程序的开发门槛。工具链为应用开发和执行提供多层次和多功能的便捷服务。

4.2 软件工具链

4.2.1 MindStudio 开发环境

MindStudio 是昇腾 AI 处理器的一站式开发环境，提供基于芯片支持的模型开发、应用开发，以及算子开发 3 个主要功能，其功能框架如图 4-2 所示。集中开发环境运行的位置为主机端，具体指与昇腾 AI 处理器所在硬件设备相连接的 x86-64 服务器、AArch64 服务器或者 Windows 计算机（指部署了 Windows 操作系统的计算机），利用昇腾 AI 处理器提供的神经网络计算能力完成业务。设备是指安装了昇腾 AI 处理器的硬件设备，利用 PCIe 接口与服务器连接，为服务器提供神经网络计算能力。

MindStudio 工具链中提供的工具的主要功能如下。

（1）模型训练

MindStudio 支持 MindSpore、TensorFlow 和 PyTorch 框架的模型训练，把框架执行的脚本、数据集、参数等相关信息通过网络进行分析并输出分析结果。自动机器学习（auto machine learning，AutoML）工具包括模型自动生成和调优，以及训练工程超参数自动调优。人工智能初学者可以通过 AutoML 工具结合数据集，自动生成满足需求的模型，也可以对训练超参进行自动调优。

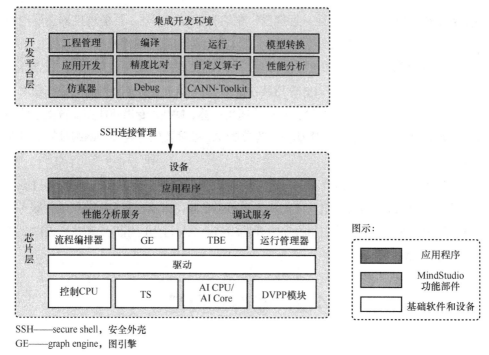

图 4-2 MindStudio 功能框架

（2）算子开发

MindStudio 提供包含单元测试（unit test，UT）、系统测试（system test，ST）、张量嵌套内核（tensor iterator kernel，TIK）算子调试等的全套算子开发流程，支持 TensorFlow、PyTorch、MindSpore 等多种主流框架的 TBE 和 AI CPU 算子开发。

- UT：MindStudio 提供了基于 gtest 框架的 UT 方案，简化了开发人员开发 UT 用例的复杂度。
- ST：MindStudio 提供了 ST 框架，可以自动生成测试用例，在真实的硬件环境中验证算子功能的准确性和计算结果的正确性，并生成运行测试报告。
- TIK 算子调试：MindStudio 支持 TIK 算子的可视化调试，可以实现断点设置、单步调试、连续运行直到结束或下一断点、查看变量信息、退出调试等功能。

（3）精度比对与性能分析工具

为帮助开发人员快速解决算子精度问题，MindStudio 提供了将自主实现的算子运算结果与业界标准算子运算结果进行精度差异对比的工具。MindStudio 还支持人工智能应用运行过程中软、硬件相关性能数据的采集和性能指标的分析，并通过可视化界面呈现分析结果帮助用户快速发现和定位人工智能应用的性能瓶颈，显著提升人工智能任务性能分析的效率。

另外，MindStudio 还包括工程管理、模型可视化、算子和模型速查、IDE 本地仿真调试等功能。MindStudio 可以在一个工具上高效便捷地完成人工智能应用开发，同时还提供了网络移植、优化和分析等功能，为用户开发应用程序带来了极大的便利。

4.2.2 昇腾计算语言

昇腾计算语言（Ascend computing language，AscendCL）是异构计算架构 CANN 体系下的一套用于在昇腾平台上开发深度神经网络推理应用的 C 语言 API 库，提供运行资源管理、内存管理、模型加载与执行、算子加载与执行、媒体数据处理等 API，能够利用昇腾硬件计算资源，在 CANN 平台上进行深度学习推理计算、图形图像预处理、单算子加速计算等任务。AscendCL 在 CANN 体系中所处层次如图 4-3 所示。

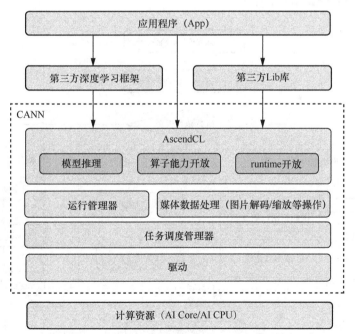

图 4-3　AscendCL 在 CANN 体系中所处层次

AscendCL 拥有丰富的应用场景。例如，用户可以直接通过 AscendCL 开发应用程序，也可以通过 AscendCL 将昇腾 AI 处理器的计算能力接入第三方深度学习框架，还可以基于 AscendCL 开发第三方 Lib 库。

AscendCL 具有高度抽象的 API 设计，可实现算子编译、加载、执行的 API 统一。相比于一个算子一个 API，AscendCL 大幅减少了 API 数量，降低了复杂度。同时，AscendCL 具备向后兼容的特性，确保在软件升级后，基于旧版本编译的程序依然可以在新版本上运行。一套 AscendCL 接口可以实现应用代码的统一，并在多款昇腾 AI 处理器上直接运行而无须修改。

用户可以使用 C++或 Python 来调用 AscendCL 接口，以便实现包含模型推理、算子调用、媒体数据处理等功能的应用程序。接口调用流程主要包括以下 5 个步骤。

步骤 1：AscendCL 初始化。

步骤 2：申请运行管理资源，依次申请 Device、Context、Stream。

步骤 3：模型推理/单算子调用/媒体数据处理。

步骤 4：释放运行管理资源，依次释放 Stream、Context、Device。

步骤 5：AscendCL 去初始化。

接口调用流程如图 4-4 所示。

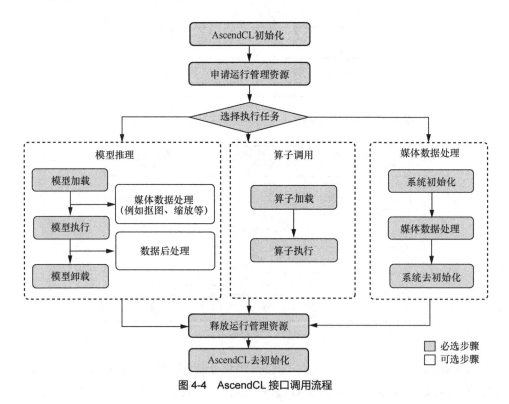

图 4-4　AscendCL 接口调用流程

4.2.3 昇腾张量编译器

昇腾张量编译器（ascend tensor compiler，ATC）是异构计算架构 CANN 体系下的模型转换工具，它可以将开源框架的网络模型（如 Caffe、TensorFlow 等），以及 Ascend IR 定义的单算子描述文件（JSON 格式）转换为昇腾 AI 处理器支持的.om 格式离线模型。在转换过程中，ATC 会进行算子调度优化、权重数据重排、内存使用优化等操作，对原始的深度学习模型进行进一步调优，从而满足部署场景下的高性能需求，使其能够高效在昇腾 AI 处理器上执行。

ATC 的整体架构如图 4-5 所示。开源框架导出的网络模型经过解析器解析转换为中间态 IR Graph，IR Graph 经过图优化转成适配昇腾 AI 处理器的离线模型。转换后的离线模型上传到板端环境，通过 AscendCL 接口加载模型文件实现推理过程。

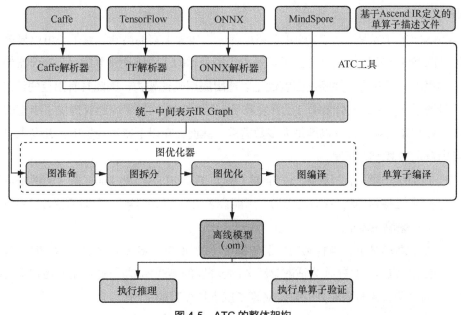

图 4-5　ATC 的整体架构

图优化器包含图准备、图拆分、图优化和图编译 4 个阶段。图准备阶段主要包含原图优化、算子基本参数校验、Infershape 推导（设置算子输出的 shape 和 dtype）等操作。在图拆分阶段，计算图被拆分为多个子图。图优化阶段先对子图分别进行优化，然后合并为整图，最后进行整图优化。图编译阶段完成内存分配、流资源分配等工作，生成适配昇腾 AI 处理器的离线模型文件（*.om）。

除了网络模型编译，ATC 也可用于单算子功能验证。将 Ascend IR 定义的单算子描述文件（JSON 格式）通过 ATC 工具进行单算子编译，再转成适配昇腾 AI 处理器的单算子离线模型，然后上传到板端环境，通过 AscendCL 接口加载单算子模型文件来验证单算子功能。

4.2.4 算子生成与优化器

深度学习算法使用算子来表示计算单元，每个算子对应网络模型中某一层的计算逻辑。例如，卷积层和全连接层中的权值求和过程可以视为算子。CANN 在上层支持多种人工智能框架，同时为下层的 AI 处理器与编程提供服务，发挥着承上启下的关键作用。它不仅是提升昇腾 AI 处理器计算性能的关键平台，而且针对多样化的应用场景，提供了高效易用的编程接口，支持用户快速构建基于昇腾平台的人工智能应用和业务。

CANN 算子库是 CANN 的重要组成部分，包含丰富的高性能算子，可以显著提高神经网络的运行性能。这些算子都是由华为公司的工程师使用昇腾 AI 处理器架构专用编程语言开发的，并经过高度优化以适配底层硬件架构，因此具有出色的性能。在一般场景下，开发人员无须自己开发算子，因为 CANN 算子库已经提供了丰富的预先实现和编译的算子，可以满足大多数需求。然而，在以下特殊场景中，开发人员需要考虑自定义算子的开发。

- 在训练场景下，当将第三方框架（例如 TensorFlow、PyTorch 等）的网络训练脚本迁移到昇腾 AI 处理器时，可能会遇到不支持的算子，此时需要开发自定义算子来满足需求。
- 在推理场景下，当将第三方框架模型（例如 TensorFlow、Caffe、ONNX 等）使用 ATC 工具转换为适配昇腾 AI 处理器的离线模型时，也可能会遇到不支持的算子，此时需要开发自定义算子以支持模型的推理。
- 在网络调优过程中，某个算子的性能较低，可能会影响整个网络的性能，这时候可以考虑重新开发一个高性能算子进行替换。
- 在推理场景下，如果应用程序中的某些逻辑涉及数学运算（例如查找最大值、进行数据类型转换等），开发人员可以通过自定义算子的方式来实现这些操作，并在应用程序中调用这些算子。这样，算子在昇腾 AI 处理器上运行，能够达到利用昇腾 AI 处理器进行性能提升的目的。

举例来说，假设有一个分类应用想要从分类模型的推理结果中查找可能性最大的前 5 个标识，为了实现这一功能，开发人员可以开发一个查找最大值的算子（如 ArgMax）。推理完成后，分类应用通过 AscendCL 接口调用这个自定义算子（ArgMax）对推理结果进行处理。

CANN 算子根据执行位置和类型，可以分为 TBE 算子和 AI CPU 算子。TBE 算子运行在 AI Core 上，负责执行矩阵、向量、标量密集型计算任务。AI CPU 算子运行在 AI CPU 上，主要用于执行不适合在 AI Core 上运行的算子，例如非矩阵类的复杂计算、逻辑比较复杂的分支密集型算子等。CANN 算子在昇腾 AI 处理器上的位置如图 4-6 所示。

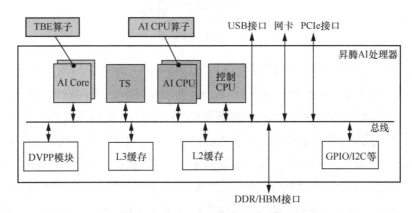

图 4-6　CANN 算子在昇腾 AI 处理器上的位置

为了充分利用 AI Core 的算力，TBE 提供了基于 TVM 框架的自定义算子开发能力。开发人员可以选择两种方式进行算子开发。第一种方式是使用基于特定领域语言（domain-specific language，DSL）接口。高度封装的 DSL 接口让开发人员只需表达计算过程，后续的算子调度、优化和编译可通过现有接口一键式完成，适合初级开发用户。第二种方式是使用 TIK 提供的 API，基于 Python 语言编写自定义算子。TIK 编译器将这些算子编译为适配昇腾 AI 处理器的应用程序二进制文件。

TBE 内部包含算子逻辑描述模块、调度模块、中间表示模块、编译优化模块和代码生成模块，其功能框架如图 4-7 所示。面向 TBE 的算子开发过程包括计算逻辑编写和调度开发，其中，算子逻辑描述模块提供了编写算子逻辑的接口，使开发人员可以定义算子的行为；调度模块用于描述算子在昇腾 AI 处理器上的切分方式，以充分利用硬件资源。完成算子的基本实现后，接下来生成中间表示，进行进一步优化。中间表示模块使用 TVM 的 IR 中间表示来处理算子的表达。编译优化模块对生成的 IR 进行编译优化，以提高算子的执行效率。之后，代码生成模块生成类 C 代码的临时文件，可以通过编译器生成算子的实现文件，以便网络模型直接加载和调用。

图 4-7　TBE 功能框架

由于算子每次计算都按照固定数据形状进行处理，因此需要提前对在昇腾 AI 处理器中不同计算单元上执行的算子进行数据形状切分。不同的计算单元——如 AI Core 中的矩阵计算单元、向量计算单元和 AI CPU——对输入数据形状的需求各不相同。调度模块中的分块（tiling）子模块启动后，会对算子中的数据按照调度描述进行切分，并指定数据的搬运流程，以确保在硬件上的执行达到最优。此外，TBE 的算子融合和优化能力由调度模块中的融合（fusion）子模块提供。在此基础之上，TBE 还可针对中间表示进行进一步的编译优化，优化方式包括双缓冲（double buffer）、流水线（pipeline）同步、内存分配管理、指令映射、分块适配矩阵计算单元等。

4.2.5　运行管理与任务调度器

任务调度器和运行管理器共同构成了昇腾 AI 处理器软、硬件之间的协同系统。任务调度器在运行时驱动硬件执行任务，将具体的任务分发给昇腾 AI 处理器，然后与运行管理器一同完成任务的调度流程，并将输出数据传回运行管理器，充当任务传递和数据回传的通道。

任务调度器位于设备端的任务调度 CPU 上，负责将运行管理器分发的任务进一步分配给 AI CPU。它还可以通过硬件任务块调度器（block scheduler, BS）将任务分派给 AI Core 进行执行，并在任务完成后将执行结果返回给运行管理器。通常，任务调度器处理的主要任务包括 AI Core 任务、AI CPU 任务、内存备份任务、事件记录任务、事件等待任务、维护任务和性能分析任务。

内存备份任务通常以异步方式进行。事件记录任务用于记录事件发生的信息。当存在等待该事件的任务时，这些任务可以在事件记录完成后解除等待并继续执行，从而消除事件记录可能导致的执行流程阻塞。如果等待的事件已经发生，则等待任务可以直接完成；若等待的事件尚未发生，则将等待任务放入待处理列表，并暂停等待任务所在执行流中后续任务的处理，直到事件发生后再处理等待任务。在任务执行完成后，维护任务根据任务参数进行相应的资源回收和清理工作。执行过程中可能需要对计算性能进行记录和分析，利用性能分析任务控制性能分析操作的启动和暂停。

任务调度器通常位于设备端，由调度接口、调度引擎、调度逻辑处理模块、AI CPU 调度器、任务块调度器、系统控制模块、性能分析模块和日志模块组成，其功能架构如图 4-8 所示。

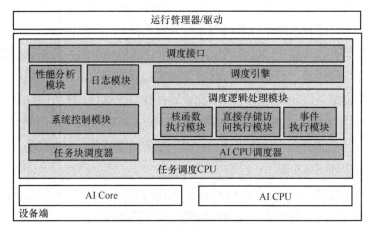

图 4-8　任务调度器功能架构

任务调度 CPU 通过调度接口实现与运行管理器和驱动之间的通信和交互。调度引擎是任务调度 CPU 的核心，负责任务组织、任务依赖、任务调度控制等流程，同时管理整个任务调度 CPU 的执行过程。根据任务类型，调度引擎将任务分为计算、存储和控制 3 种类型，然后分发给不同的调度逻辑处理模块，启动核函数任务、存储任务，以及处理执行流之间的事件依赖等逻辑。

逻辑处理模块分为核函数执行（kernel execute）模块、直接存储器访问执行（DMA[1] execute）模块和事件执行（event execute）模块。核函数执行模块负责计算任务的调

1　直接存储器访问（direct memory access，DMA）。

度处理，包括 AI CPU 和 AI Core 上任务的调度逻辑，并对核函数进行调度处理。直接存储器访问执行模块处理存储任务的调度逻辑，如内存备份等。事件执行模块负责同步控制任务的调度逻辑，处理执行流之间的事件依赖。完成不同类型任务的调度逻辑处理后，相应的控制单元会接管硬件执行。

对于 AI CPU 任务的执行，任务调度 CPU 中的 AI CPU 调度器以软件方式进行状态管理和任务调度。而对于 AI Core 任务的执行，任务调度 CPU 通过任务块调度器将处理后的任务分发给 AI Core 硬件执行，完成具体计算任务。计算结果也由任务块调度器传回任务调度 CPU。

在任务调度过程中，系统控制模块对系统进行配置和芯片功能初始化。性能分析和日志模块监测执行流程，记录关键参数和细节。这些记录为整个执行过程的评估和分析提供了依据。整体上，昇腾 AI 处理器中的运行管理器、驱动和任务调度器紧密协同，有序地将任务分发给相应的硬件资源并执行。这个调度过程确保了任务的连续性和高效性，为深度神经网络计算提供了可靠的支持。

在离线模型执行过程中，任务调度器接收来自离线模型执行器的执行任务，这些任务之间存在依赖关系，因此，执行时首先需要解除依赖关系，然后进行任务调度，最后将任务分发给 AI Core 或 AI CPU，完成硬件计算或执行。任务调度器通过与运行管理器/驱动的互动将任务指令有序地调度给昇腾 AI 处理器执行。运行管理器/驱动位于主机 CPU，指令队列则存储在设备内存中，任务调度器负责下发任务指令。任务调度器的调度流程如图 4-9 所示。

① 运行管理器调用驱动的 dvCommandOccupy 接口，根据队列的尾部位置找到可用的存储空间，并将可用的指令地址返回给运行管理器使用。

② 运行管理器根据可用的存储空间，准备填充指令。

③ 运行管理器将任务指令填充进队列的存储空间中，完成指令的初始化操作。

④ 运行管理器调用 dvCommandSend 接口，更新指令队列的尾部位置，同时更新信用信息。

⑤ 指令队列接收到新任务指令后，产生 doorbell 中断，通知任务调度器，设备端 DDR 中的指令队列中有新增的任务指令。

⑥ 任务调度器接到通知后，将任务指令从设备端 DDR 内存中的指令队列搬运至调度器自己的缓存中保存。

⑦ 任务调度器将设备端 DDR 中指令队列的头部位置信息更新，以确保后续队列操作能够继续顺利进行。

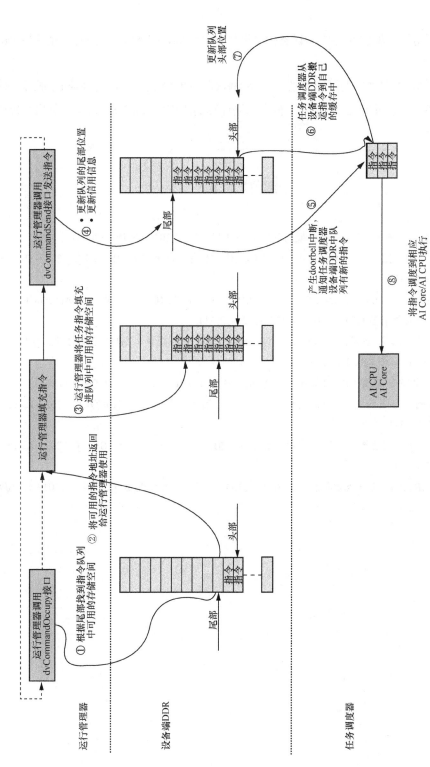

图 4-9 任务调度器的调度流程

⑧ 任务调度器将缓存中的任务指令调度到 AI Core 或 AI CPU 执行，完成指令的处理。

昇腾 AI 处理器中的运行管理器、驱动和任务调度器密切合作，协同完成任务的分发与执行。这一调度过程保证了神经网络计算的连续性和高效性，为任务执行提供了有力支持。

参考文献

[1] 华为云. 昇腾 AI 软件栈逻辑架及功能介绍 [EB/OL].（2020-08-18）[2023-12-31].

[2] 华为技术有限公司. Mindstudio 6.0.RC2 用户指南：功能架构 [EB/OL].（2023-11-01）[2023-12-31].

[3] 华为技术有限公司. CANN 7.0.RC1 应用软件开发指南 (C&C++，推理)：AscendCL 架构及基本概念 [EB/OL].（2023-11-27）[2023-12-31].

[4] 华为技术有限公司. CANN 7.0.RC1 ATC 工具使用指南：ATC 工具介绍 [EB/OL].（2023-12-04）[2023-12-31].

[5] 昇腾 CANN. 昇腾 CANN 算子开发揭秘 [EB/OL].（2023-02-16）[2023-12-31].

[6] 华为技术有限公司. CANN 自定义算子开发指南：TBE 简介[EB/OL].（2023-12-18）[2023-12-31].

[7] 华为技术有限公司. CANN 自定义算子开发指南：AI CPU 简介[EB/OL].（2023-12-18）[2023-12-31].

[8] TORRENZA.【昇腾学院】昇腾 AI 处理器软件栈：任务调度器 [EB/OL].（2019-12-10）[2023-12-31].

第 5 章 昇腾 AI 处理器开发流程

5.1 昇腾 AI 开发平台介绍

昇腾 AI 全栈软硬件平台如图 5-1 所示,自底向上分为 5 个层面。本节详细介绍下面 4 个层面的相关内容。

Atlas 系列硬件:作为面向不同应用场景(端、边、云)打造出来的系列 AI 硬件产品,如基于面向训练场景的 Ascend 910 系列处理器,以及面向推理场景的 Ascend 310 系列处理器。Atlas 系列硬件为人工智能高性能计算提供了强有力的基础设施。例如,向数据中心场景提供算力支撑的 Atlas 900 AI 集群等,以及面向智能边缘场景的 Atlas 200 等推理卡及套件。

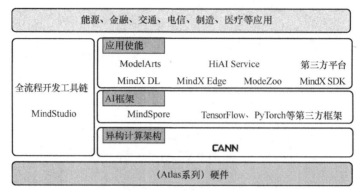

图 5-1 昇腾 AI 全栈软硬件平台

异构计算架构：CANN 是昇腾推出的异构计算架构，使能昇腾系列硬件的算力，同时为上层 AI 框架提供相应的能力接口。通过提供多层次的编程接口，CANN 支持用户快速构建基于 Ascend 平台的人工智能应用和业务。CANN 是提升昇腾 AI 处理器计算效率的关键平台，主要包含以下内容。

- 统一编程语言：AscendCL，对应用程序开发人员屏蔽底层多种芯片差异，提升用户编程易用性；
- 统一网络构图接口：提供标准的昇腾计算 AIR，支持多框架，支持用户在昇腾芯片上快速部署神经网络业务；
- 高性能计算引擎及算子库：通过高性能编译引擎/执行引擎/调优引擎和预制高性能算子库，支撑用户快速部署神经网络，降低部署成本并最大程度发挥昇腾计算能力；
- 基础服务：如驱动、虚拟化、媒体、集合通信等能力。

AI 框架：对于模型构建，昇腾 AI 开发平台支持自研框架及主流第三方框架（TensorFlow、PyTorch 等）。MindSpore 是昇腾推出的匹配昇腾 AI 处理器算力的全场景人工智能计算框架，旨在实现易开发、高效执行、全场景覆盖三大目标。对于易用性，它提供了自动微分、自动并行等功能，降低了人工智能开发人员的开发门槛，实现了人工智能算法即代码。对于高效性，它利用昇腾 AI 处理器的强大算力，实现了高性能的深度学习训练和推理。对于全场景，它支持端、边、云等多种场景，可以实现一次训练，多场景部署，满足不同应用需求。为了提供全面的兼容，昇腾 AI 开发平台对于第三方主流人工智能框架进行了适配及优化，保证了基于第三方框架编写的模型可以高效地运行在昇腾 AI 硬件上。

应用使能：此层面包含用于部署模型的软、硬件，例如 API、SDK、部署平台，模型库等。深度学习使能 MindX DL 是支持 Atlas 训练卡、推理卡的深度学习组件，提供昇腾 AI 处理器集群调度、昇腾 AI 处理器性能测试、模型保护等基础功能。智能边缘使能 MindX Edge，提供边缘 AI 业务基础组件管理和边缘人工智能业务容器的全生命周期管理能力，同时提供节点看管、日志采集等统一运维能力和严格的安全可信保障，为客户提供完整的边缘与云及数据中心协同的边缘计算解决方案，使能用户快速构建边缘 AI 业务。ModelZoo 是预训练模型库，提供基于昇腾 AI 处理器的深度学习模型和代码的平台，支持 MindSpore、PyTorch、TensorFlow 等人工智能框架，涵盖图像分类、目标检测、语义分割、人脸识别、自然语言处理等多个领域。行业应用开发套件 MindX SDK 帮助特定领域的用户快速开发并部署人工智能应用的软件开发套件，提供极简易用、高性能的 API 和工具，降低用户需要编写的代码量。Mind X 系列工具协作流程如下：基于 ModelZoo 和 MindX DL 完成算子与模型开发后，利用 MindX SDK 完成人工智能应用的开发，之后利用 MindX Edge 完成边缘 AI 应用部署与推理。

昇腾 AI 开发平台主要基于全流程开发工具链——MindStudio，该平台提供了在 AI 开发时需要的一站式开发环境，支持模型开发、应用开发以及算子开发 3 个主流程中的开发任务。用户可在 MindStudio 工具上开发基于 AscendCL 或者 MindX SDK 编程接口的推理应用。依靠模型可视化、算力测试、IDE 本地仿真调试等功能，帮助用户在一个工具上就能高效便捷地完成人工智能应用开发。MindStudio 包括基于芯片的算子开发和自定义算子开发，同时还包括网络层的网络移植、优化和分析，另外在业务引擎层提供了一套可视化的 AI 引擎拖曳式编程服务，极大地降低了 AI 引擎的开发门槛。

5.2 昇腾 AI 推理开发流程

昇腾 AI 推理开发主要基于 MindStudio，可采用 AscendCL 和 MindX SDK 两种编程接口来开发推理应用。两者相比，MindX SDK 基于 AscendCL 接口进行了封装，接口相对精简，并且将一些典型模型（如目标检测、文本识别等）的数据后处理封装为函数，大大降低了编程难度，类似 OpenCV/Numpy，适用于一般场景，可兼顾性能与易用性。AscendCL 提供了原子粒度的推理接口，极度灵活，适用于全目标结构化等复杂业务流场景，提供更好的性能。昇腾 AI 推理开发流程如图 5-2 所示。

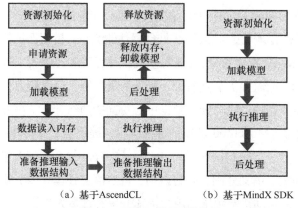

(a) 基于AscendCL　　　　(b) 基于MindX SDK

图 5-2　昇腾 AI 推理开发流程

5.2.1　工具与环境部署

本节以 Atlas 200DK 为例，介绍昇腾 AI 推理开发必备的工具与环境部署。环境部署分为纯开发环境（分部署形态）和开发运行场景（共部署形态）。

纯开发场景（分部署形态）：在非昇腾 AI 设备上安装 MindStudio 和 Ascend-cann-toolkit 开发套件包，可作为开发环境，仅能用于代码开发、编译等不依赖昇腾设备的开发活动，例如 ATC 模型转换、算子和推理应用程序的纯代码开发。如果想运行应用程序或进行模型训练，则需要通过 MindStudio 远程连接已部署好的、运行环境所需的软件包的昇腾 AI 设备。

开发运行场景(共部署形态)：在昇腾 AI 设备上安装 MindStudio、Ascend-cann-toolkit 开发套件包、npu-firmware 安装包、npu-driver 安装包和人工智能框架（进行模型训练时需要安装）。作为开发环境，开发人员可以进行普通的工程管理、代码编写、编译、模型转换等操作，同时可以作为运行环境，运行应用程序或进行模型训练。共部署形态适用于 Atlas 800 等服务器场景，而 Atlas 200 DK 更适合使用分部署形态，因此环境准备将基于分部署形态进行详细介绍。完整的部署流程可以参见第 7 章，这里仅做简要介绍。

（1）硬件准备

开发人员套件：主要包括主板和电源（包含电源和电源适配器）。

Micro SD 卡：用于装载镜像运行开发人员套件，推荐容量不小于 64 GB。

读卡器：用于烧录镜像文件到 SD 卡。

开发用主机：用于制卡、烧录、远程连接套件，具备 USB 接口。

数据线：USB Type-C 数据线/RJ-45 网线，用于连接主机和登录开发人员套件。

（2）SD 卡制作

通过 SD 卡制作功能，开发人员可以自行制作 Atlas 200 DK 开发人员板的系统启动盘，完成 Atlas 200 DK 操作系统及驱动固件的安装。以 Linux 操作系统为例，Atlas 200 DK 开发人员板的 SD 卡制作方式有两种：如果有读卡器，可以将 SD 卡放入读卡器，将读卡器与用户计算机的 USB 接口连接，然后通过制卡脚本进行 SD 卡的制作；如果没有读卡器，可以将 SD 卡放入 Atlas 200 DK 开发人员板的卡槽，通过跳线帽/杜邦线进行开发人员板相关针脚连接，使开发人员板实现读卡器的功能，然后将开发人员板与用户计算机的 USB 接口连接，再通过制卡脚本进行 SD 卡的制作。在有读卡器情况下，SD 卡制作的具体步骤如下。

步骤 1：将装入 SD 卡的读卡器与用户计算机的 USB 接口连接。

步骤 2：在用户计算机中执行安装 qemu-user-static、binfmt-support、yaml、squashfs-tools 与交叉编译器。

步骤 3：在主机上创建制卡工作目录。

步骤 4：准备 Ubuntu 操作系统镜像包（ARM 版本的 Server 软件包）及开发人员板驱动包，并移动到制卡工作目录。

步骤 5：下载制卡入口脚本文件"make_sd_card.py"及制作 SD 卡操作系统的脚本文件"make_ubuntu_sd.sh"。

步骤 6：运行 SD 制卡脚本。

（3）主机端工具部署

分部署形态需要在主机端开发环境下安装 MindStudio 软件，以及 Ascend-cann-toolkit 开发套件包，其中{version}表示软件版本号，{arch}表示 CPU 架构。

步骤 1：本地依赖安装：Python 3.7～Python 3.9、MinGW、CMake 等。

步骤 2：准备软件包。

```
MindStudio_{version}_win.exe
Ascend-cann-toolkit_{version}_linux-{arch}.run
```

步骤 3：双击软件包进行安装。

步骤 4：配置 MindStudio，导入 CANN 安装路径。

步骤 5：配置编译环境，检查 g++编译器是否安装。

（4）Atlas 环境部署

Atlas 设备作为运行环境，部署时需要通过制作 SD 卡将开发人员运行代码和系统程序烧写到开发板上，将下载所需要的软件包（如固件、驱动、算子包等）移动到制卡工作目录中，制作过程与前文系统 SD 卡制作一致。此外，如离线推理引擎包等相应昇腾 AI 开发平台离线推理所需环境可以通过将对应安装包上传到 Atlas 设备上进行安装。进行离线推理的关键软件包如下。

- 离线推理引擎包：Ascend-cann-nnrt_{version}_linux-{arch}.run
- 实用工具包：Ascend-mindx-toolbox_{version}_linux-{arch}.run

在将对应软件包上传到 Atlas 设备后，首先需要准备安装及运行账户。若使用 root 账户安装，则支持所有用户运行相关业务。若使用普通账户安装，则安装账户和运行账户必须相同。离线推理软件包安装的详细步骤如下，实用工具包的安装流程与之类似。

步骤 1：以软件包的安装账户登录安装环境。

步骤 2：将获取到的离线推理引擎包上传到安装环境任意路径（如 "/home/package"）。

步骤 3：进入软件包所在路径。

步骤 4：执行如下命令，增加对软件包的可执行权限。

```
chmod +x 软件包名.run
```

步骤 5：执行如下命令，校验软件包安装文件的一致性和完整性。

```
./软件包名.run -check
```

步骤 6：执行如下命令安装软件。

```
./软件包名.run -install
```

5.2.2 基于 MindX SDK 的推理开发流程

基于昇腾 Atlas 200 DK 的推理任务可以分为 MindX SDK 的开发和基于 AscendCL 的应用开发两种方式，本节以 MindX SDK 的图像分类模型开发为例，介绍基于 MindX SDK 的推理开发流程。

首先，准备开发环境和运行环境，需要确保开发人员套件已插入烧录镜像的 SD 卡，镜像中已包含开发工具，以便用户可以直接在开发人员套件上开发、编译和运行应用。然后，进行开发场景分析。在基于 MindX SDK 接口开发推理应用的流程中，数据传输和模型加载执行的方法基本一致，区别在于数据处理的代码根据数据类型（图片、视频）和处理方式（缩放、抠图）有差异，因此在开发应用前，应先根据数据处理的需求了解对应的数据处理接口。最后，创建存储头文件、模型文件和主代码的目录。完成上述操作后，就可以进入具体的应用开发流程了。图像分类模型的推理流程如图 5-3 所示，其中，输入为 RGB 格式的 224 像素 × 224 像素分辨率的图像，输出数据为对应的图片类别标签及其置信度。本例中模型采用了 ResNet-50 模型，具体流程如下。为了简化流程，读者可以直接使用训练好的开源模型，也可以基于开源模型的源码进行修改、重新训练，还可以基于算法、框架构建适合的模型。

图 5-3　图像分类模型的推理流程

首先，获取对应的代码文件，下载代码文件压缩包，并以 root 账户安装 Atlas 200 DK 开发人员套件。获取代码文件参考命令如下。

```
Wget https://ascend-***-tool.obs.cn-south-1.myhuaweicloud.com/models/
resnet50_sdk_python_sample.zip
```

然后，将"resnet50_sdk_python_sample.zip"压缩包上传到开发人员套件中，解压并进入解压后的工程目录，命令如下。

```
unzip resnet50_sdk_python_sample.zip
cd resnet50_sdk_python_sample
```

解压后的工程目录如下所示。按照正常开发流程，框架模型文件需要转换成昇腾 AI 处理器支持推理的.om 格式文件。为了简化流程，读者可直接获取本书配套资源中已转换好的.om 格式文件并进行推理。

```
resnet50_sdk_python_sample:
  data:
    test.jpg    # 测试图像
  model:
    resnet50.om    # ResNet-50 的 om 模型
  utils:
    resnet50.cfg    # 用于后处理的配置文件
  resnet50_clsidx_to_labels.names    # 类别标签文件
  main.py    # 运行程序的脚本
```

在工程目录中，内置测试图像名为"test.jpg"，读者也可从 imagenet 数据集中获取其他图像。在开发代码过程中，"resnet50_sdk_python_sample/main.py"文件已包含读入数据、前处理、推理、后处理等功能，完整串联了整体应用代码的逻辑。

"main.py"文件的开头有如下代码，用于导入需要的第三方库及 MindX SDK 推理所需文件。

```
import numpy as np    # 用于对多维数组进行计算
```

```python
import cv2  # 图像处理三方库，用于对图像进行前后处理
from mindx.sdk import Tensor  # mxVision 中的 tensor 类型
from mindx.sdk import base    # mxVision 推理接口
from mindx.sdk.base import post
#post.Resnet50PostProcess 为 resnet50 后处理接口
```

初始化资源和模型相关变量，如图像路径、模型路径、配置文件路径、标签路径等。

```python
base.mx_init()  # 初始化 mxVision 资源
pic_path = 'data/test.jpg'  # 单张图像
model_path = "model/resnet50.om"  # 模型路径
device_id = 0  # 指定运算的 Device
config_path = 'utils/resnet50.cfg'  # 后处理配置文件
label_path = 'utils/resnet50_clsidx_to_labels.names'  # 标签
img_size = 256
```

对输入数据进行前处理。先使用 cv2.imread() 函数读入图像，得到三维数组，再对图像进行裁剪、缩放、转换颜色空间等处理，并将图像转化为 MindX SDK 推理所需要的数据格式（tensor 类型）。

```python
img_bgr = cv2.imread(pic_path)
img_rgb = img_bgr[:, :, ::-1]
img = cv2.resize(img_rgb,(img_size, img_size))# 缩放到目标大小
hw_off = (img_size - 224)// 2  # 对图像进行切分，取中间区域
crop_img = img[hw_off:img_size - hw_off, hw_off:img_size - hw_off, :]
img = crop_img.astype("float32") # 转为 float32 数据类型
img[:, :, 0] -= 104  # 常数 104,117,123 用于将图像转换到 Caffe 模型需要的颜色空间
img[:, :, 1] -= 117
img[:, :, 2] -= 123
img = np.expand_dims(img, axis = 0) # 扩展第一维度，适应模型输入
img = img.transpose([0, 3, 1, 2])
# 将(batch, height, width, channels)转为(batch,channels,height,width)
img = np.ascontiguousarray(img) # 将内存连续排列
img = Tensor(img)# 将 numpy 转为 tensor 类型
```

使用 MindX SDK 接口进行模型推理，得到模型输出结果。

```python
model = base.model(modelPath = model_path, deviceId = device_id)
# 初始化 base.model 类
output = model.infer([img])[0]
# 执行推理。输入数据类型：List[base.Tensor]，返回模型推理输出的 List[base.Tensor]
```

对模型输出进行后处理。利用 MindX SDK 所带的后处理插件直接得到预测类别及其置信度，并将其画在原图上。

```python
'''后处理'''
postprocessor = post.Resnet50PostProcess(config_path = config_path, label_
```

```
path = label_path) # 获取后处理对象
pred = postprocessor.process([output])[0][0]
# 利用SDK接口进行后处理, pred: <ClassInfo classId = ... confidence = ... className = ...>
confidence = pred.confidence    # 获取类别标签置信度
className = pred.className      # 获取类别标签名称
print('{}: {}'.format(className,confidence)) # 打印结果

'''保存推理图像'''
img_res = cv2.putText(img_bgr, f'{className}: {confidence:.2f}',(20, 20),
cv2. FONT_HERSHEY_SIMPLEX, 1,(255, 255, 255), 1)
# 将预测的类别与置信度添加到图像
cv2.imwrite('result.png', img_res)
print('save infer result success')
```

上述代码完整地展示了利用 MindX SDK 实现图像分类推理任务的示例。在完成推理任务代码开发后,即可进行运行推理来看实际运行效果,命令如下。

```
source /usr/local/Ascend/mxVision/set_env.sh
python main.py
```

之后,命令行返回如下输出,表示任务推理完成。

```
Standard Poodle: 0.98583984375
save infer result success
```

具体来讲,基于 MindX SDK 开发应用的流程必须包含初始化、构建模型、模型加载、模型执行、视图数据处理等关键环节。基于 MindX SDK 接口开发基础应用的接口调用流程如图 5-4 所示。根据应用开发中的典型功能抽象出主要的接口调用流程,读者需要根据实际的业务流选择具体的流程。例如,如果业务流输入为图像,则需要图像解码;如果模型对输入图像的宽高要求与用户提供的原图不一致,则需要图像处理,将原图裁剪成符合模型要求的图像;如果需要实现模型推理的功能,则需要模型加载;如果要求输出视频流等,则需要进行视频编码。

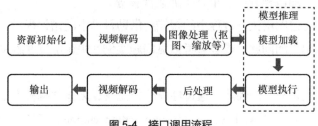

图 5-4　接口调用流程

图 5-4 中的接口详细介绍如下。初始化接口通过调用 mx_init 接口实现资源的初始化;视频解码接口可实现视频解码等功能;图像处理接口实现了图像缩放(Resize)、

抠图（Crop）、补边（Padding）等功能；模型推理接口主要负责模型加载，模型执行环节，其中模型加载环节是在模型推理前进行，负责将对应的模型加载到系统中后，再进行完整的模型执行过程。此处需要注意的是，我们使用的必须是适配昇腾 AI 处理器的离线 .om 模型，所以需提前构建模型，请参见构建模型章节。模型执行则是负责具体执行模型推理过程；后处理接口指推理后处理包括结果解析、可视化等操作。其中，结果解析是将推理结果转化为可读的形式的过程，可视化是将推理结果以图表等形式呈现，以方便用户直观的理解或使用；图像/视频编码接口实现了图像、视频编码等功能。

5.2.3 基于 AscendCL 的推理开发流程

基于 AscendCL 的推理开发方式适用于全目标结构化等复杂业务流场景，提供极致性能。基于 AscendCL 的推理开发详细介绍在第 6 章及第 7 章均有涉及，本小节简单介绍即可。基于 AscendCL 的推理开发流程如图 5-5 所示，具体如下。

图 5-5　基于 AscendCL 的开发流程

环境准备：准备编译及调测环境，安装固件、驱动及 CANN 软件。

模型构建：构建适配 CANN 的 .om 格式文件，通过昇腾 AI 开发平台提供的 ATC 工具，将已有的模型转换成适配 CANN 的模型文件，或者基于 Ascend Graph 接口构建一个新的模型。

应用开发：调用 pyACL 接口开发应用，在 CANN 平台上开发应用，实现深度学习推理计算、图形图像预处理、单算子加速计算等。

功能调测：定位应用执行过程中的报错，借助日志中的错误提示，快速定位应用程序调试过程中出现的问题；或者参考常见问题案例，快速定位并解决应用程序调试过程汇总的问题。

性能调优：优化应用的性能，通过性能分析工具，采集并解析应用运行过程中软硬件的性能数据，并借助 AOE（Ascend optimization engine）工具对模型中的算子进行调优。

精度调优：优化应用推理的精度，借助精度比对工具来分析和定位精度问题，结合经典案例，说明推理场景下的精度问题定位流程。

相较于 MindX SDK 的推理开发流程，基于 AscendCL 的推理开发流程稍显复杂，但为开发人员提供了极大的自由度来实现定制化设计。

在本小节最后，我们通过图 5-6 展示开发基础推理应用的流程，具体细节可参见第 7 章。

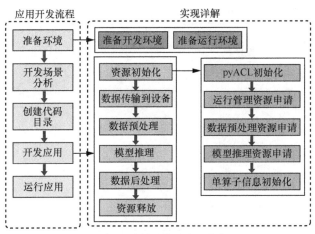

图 5-6 开发基础推理应用的流程

参考文献

[1] 华为技术有限公司. Atlas 200I DK A2 开发人员套件 23.0.RC2[EB/OL]. (2023-11-09)[2023-12-07].

[2] 华为技术有限公司. CANN 8.0.RC2 从这里开始[EB/OL]. (2023-11-03)[2023-12-07].

[3] 华为技术有限公司. MindStudio 6.0.RC2 release note[EB/OL]. (2023-11-02)[2023-12-07].

[4] 华为技术有限公司. MindX SDK 5.0.RC2 mxVision 用户指南[EB/OL]. (2023-10-18)[2023-12-07].

第 6 章

昇腾 AI 处理器编程方法

6.1 昇腾编程模型与语言库

6.1.1 AscendCL 功能架构

AscendCL 可以由应用程序直接调用,也可以通过应用程序调用的第三方框架、第三方 Lib 库间接调用。例如,pyACL 就是一种在 AscendCL 的基础上使用 CPython 封装得到的 Python API 库,用户可以通过 Python 进行昇腾 AI 处理器的运行管理、资源管理等。

在运行应用时,AscendCL 调用 GE 提供的接口实现模型和算子的加载与执行,调用运行管理器的接口实现设备管理、上下文管理、流管理、内存管理等。

在图 4-3 所示的 AscendCL 在 CANN 体系中所处层次中，计算资源层是昇腾 AI 处理器的硬件算力基础，主要完成神经网络的矩阵相关计算，控制算子、标量、向量等通用计算和执行控制功能，以及图像数据的预处理，为深度神经网络计算提供执行上的保障。

AscendCL 具有高度抽象、向后兼容、零感知硬件等优势。在 API 抽象方面，AscendCL 对算子编译、加载、执行的 API 进行了归一化。相比于一个算子一个 API，AscendCL 大幅减少了 API 数量，降低了复杂度。在兼容性方面，AscendCL 具备完备的向后兼容能力，能够确保软件升级后，基于旧版本编译的程序依然可以在新版本上运行。在硬件感知方面，AscendCL 接口可以实现应用代码统一，让代码在不同型号的昇腾 AI 处理器上无差异执行。

6.1.2 AscendCL API

AscendCL API 非常丰富，包括系统参数管理，上下文（context）管理，流（stream）管理、设备管理等多层次、不同粒度的设置，如表 6-1～表 6-4 所示。对于一些不常用的 API，如算力组查询，这里不作介绍。读者可以查阅 Ascend 官方相关文档，获取更多 API 信息。

表 6-1 系统参数管理 API 及其描述

API	描述
aclInit	AscendCL 初始化函数，同步接口
aclFinalize	AscendCL 去初始化函数，释放 AscendCL 相关资源
aclrtGetVersion	查询接口版本号，同步接口
aclSetCompileopt	设置对应的编译选项，同步接口
aclrtGetSocName	查询当前运行环境的芯片版本，同步接口
aclGetRecentErrMsg	获取并清空与本接口在同一个线程中的其他 AscendCL 接口调用失败时的错误描述信息，同步接口
aclrtSetDeviceSatMode	设置当前上下文对应的设备的浮点计算结果输出模式，同步接口
aclrtGetDeviceSatMode	查询当前上下文对应的设备的浮点计算结果输出模式，同步接口

表 6-2　设备（device）管理 API 及其描述

API	描述
aclrtSetDevice	指定当前进程或线程中用于运算的设备，同时隐式创建默认上下文，同步接口
aclrtResetDevice	复位当前运算的设备，释放设备上的资源
aclrtGetDevice	获取当前正在使用的设备的 ID，同步接口
aclrtGetRunMode	获取当前昇腾 AI 软件栈的运行模式，同步接口
aclrtSetTsDevice	设置本次计算需要使用的任务调度器，同步接口
aclrtGetDeviceCount	获取可用设备的数量，同步接口

表 6-3　上下文（context）管理 API 及其描述

API	描述
aclrtCreateContext	在当前进程或线程中显式创建一个上下文，同步接口
aclrtDestroyContext	销毁一个上下文，释放上下文的资源
aclrtSetCurrentContext	设置线程的上下文，同步接口
aclrtGetCurrentContext	获取线程的上下文，同步接口

表 6-4　流（stream）管理 API 及其描述

API	描述
aclrtCreateStream	在当前进程或线程中创建一个流，同步接口
aclrtCreateStreamWithConfig	在当前进程或线程中创建一个流
aclrtDestroyStream	销毁指定流
aclrtDestroyStreamForce	强制销毁指定流
aclrtSetStreamOverflowSwitch	针对指定流，打开或关闭溢出检测开关
aclrtGetStreamOverflowSwitch	针对指定流，获取其当前溢出检测开关是否打开
aclrtSetStreamFailureMode	指定任务调度模式，以便控制某个任务失败后是否继续执行下一个任务

若涉及媒体数据处理功能，则需要使用内存，这时有以下注意事项。表 6-5 展示了内存相关 API 及其描述。

（1）由于媒体数据处理功能对存储输入/输出数据的内存有更高的要求（如内存首

地址 128 B 对齐），因此需调用专用的内存申请接口：
- 调用媒体数据处理 V1 版本的接口对图像进行抠图、缩放等操作时，调用 acldvppMalloc 接口申请内存；
- 调用媒体数据处理 V2 版本的接口对图像进行抠图、缩放等操作时，调用 hi_mpi_dvpp_malloc 接口申请内存。

（2）申请到的内存不只可以满足媒体数据处理的要求，还可以在其他任务中使用。例如，从性能角度考虑，为了减少数据复制，媒体数据处理的输出作为模型推理的输入，实现内存复用。

（3）由于媒体数据处理访问的地址空间有限，为了确保媒体数据处理时内存足够，对于除媒体数据处理功能外的其他功能（如模型加载），我们建议调用 aclrtMalloc 接口、aclrtMallocHost 接口或 aclrtMallocCached 接口申请内存。

表 6-5　内存相关 API 及其描述

API	描述
aclrtMalloc	在设备上申请 size 大小的线性内存
aclrtMallocCached	在设备上申请 size 大小的线性内存，支持缓存
aclrtMemFlush	将缓存中的数据刷新到 DDR 中，并将缓存中的内容设置为无效
aclrtFree	释放设备上的内存，同步接口
aclrtMemset	初始化内存，将内存中的内容设置为指定的值，同步接口
aclrtMemsetAsync	初始化内存，将内存中的内容设置为指定的值，异步接口
aclrtMemcpy	实现主机内、主机与设备之间、设备内、设备间的同步内存复制
aclrtMemcpyAsync	实现主机内、主机与设备之间、设备内、设备间的异步内存复制

6.1.3　AscendCL 应用扩展

除基本的模型推理等应用之外，AscendCL 还提供了应用扩展相关支持。本小节以应用 Profiling 为例，说明相关的应用扩展接口。

为了获取用户和上层框架程序的性能数据，在 Profiling 开启 msproftx 功能之前，需要先在程序内调用 msproftx 功能相关接口（Profiling AscendCL API 扩展接口），并对用户程序进行打点，以输出对应的性能数据。

当需要定位应用程序或上层框架程序的性能瓶颈时，可在 Profiling 采集进程内

（aclprofStart 接口和 aclprofStop 接口之间）先调用 Profiling ACL API 扩展接口，开启记录应用程序在执行期间特定事件发生的时间跨度，并将数据写入 Profiling 数据文件，再使用 Profiling 工具解析该文件，并导出展示性能分析数据。表 6-6 展示了 Profiling ACL API 扩展接口。

表 6-6　Profiling ACL API 扩展接口

API	描述
aclprofCreateStamp	创建 msproftx 事件标记，用于描述瞬时事件
aclprofMark	msproftx 标记瞬时事件
aclprofDestroyStamp	释放 msproftx 事件标记
aclprofSetStampTraceMessage	为 msproftx 事件标记携带描述信息，在 Profiling 解析结果 msprof_tx summary 中展示数据
aclprofPush	msproftx 用于记录事件发生时间跨度的开始时间，与 aclprofPop 成对使用，仅在单线程内使用
aclprofPop	msproftx 用于记录事件发生时间跨度的结束时间，与 aclprofPush 成对使用，仅在单线程内使用
aclprofRangeStart	msproftx 用于记录事件发生时间跨度的开始时间，与 aclprofRangeStop 成对使用，可跨线程使用
aclprofRangeStop	msproftx 用于记录事件发生时间跨度的结束时间，与 aclprofRangeStart 成对使用，可跨线程使用

aclprofStart 和 aclprofStop 接口之间调用的接口有 aclprofCreateStamp、aclprofSetStampTraceMessage、aclprofMark、aclprofPush、aclprofPop、aclprofRangeStart、aclprofRangeStop、aclprofDestroyStamp，其中，配对使用的接口有：aclprofCreateStamp 和 aclprofDestroyStamp、aclprofPush 和 aclprofPop、aclprofRangeStart 和 aclprofRangeStop。

接口调用顺序：aclprofStart 接口（指定 Device 0 和 Device 1）→aclprofCreateStamp 接口→aclprofSetStampTraceMessage 接口→aclprofMark 接口→（aclprofPush 接口→aclprofPop 接口）或（aclprofRangeStart 接口→aclprofRangeStop 接口）→aclprofDestroyStamp 接口→aclprofStop 接口（与 aclprofStop 接口的 aclprofConfig 数据保持一致）。

6.1.4　AscendCL 应用：以模型推理流程为例

使用 AscenCL 开发模型推理应用的流程如图 6-1 所示。

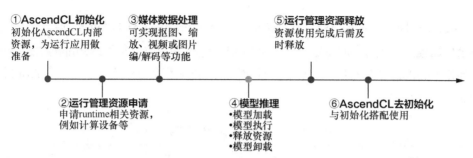

图 6-1　AscendCL 模型推理应用开发流程

（1）AscendCL 的初始化与去初始化

使用 AscendCL 开发应用时，必须先通过调用 aclInit 接口初始化 AscendCL，否则可能会导致后续系统内部资源初始化出错，进而导致其他业务异常。在初始化时，AscendCL 支持与推理相关的配置项以 JSON 格式的配置文件传入 AscendCL 初始化接口。如果当前的默认配置已满足需求，则可向 AscendCL 初始化接口中传入空指针（NULL），或者将配置文件配置为空 JSON 文件。

向 aclInit 接口中传入空指针的示例如下。

```
aclError ret = aclInit(NULL);
```

或配置文件 acl.json 的内容为空：

```
{}
```

完整的 AscendCL 初始化及去初始化方式如下。

```
1   // 初始化
2   const char *aclConfigPath = "../src/acl.json";
3   aclError ret = aclInit(aclConfigPath);
4
5   //……
6
7   // 去初始化
8   ret = aclFinalize();
9   //……
```

需要注意的是，此处的 ".." 表示相对路径，即相对可执行文件所在的目录。例如，若编译出来的可执行文件存储在 out 目录下，则此处的 ".." 表示 out 目录的上一级目录。示例代码中的 "//……" 表示读者根据自己的需求完善相关代码。

在完成 AscendCL 的所有调用并退出进程前，务必调用 aclFinalize 接口实现 AscendCL 去初始化。至此，AscendCL 的初始化与去初始化可认为已完成。

（2）运行管理资源申请与释放

开发应用时，应用程序中必须包含运行管理资源申请的代码逻辑。所谓运行管理资源，包括设备、上下文、流、事件等。此处以设备（device）、上下文（context）、流（stream）、内核（kernel）为例展开，介绍运行管理资源申请与释放流程。

如图 6-2 所示，device 表示具备神经网络计算能力的硬件设备；context 是一个软件层面的概念，它作为容器统一管理 stream、设备内存对象生命周期等运行时资源；stream 用于维护异步操作的执行顺序，确保 device 能得到正确的执行结果；task、kernel 等是设备上实际执行的执行体，这些执行体对用户透明。实践中需要按 device、context、stream 的顺序依次申请运行管理资源，确保可以使用这些资源执行运算和管理任务。所有数据处理都结束后，需要按 stream、context、device 的顺序依次释放运行管理资源。

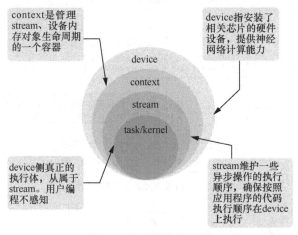

图 6-2　运行管理资源示意

申请运行管理资源时，context、stream 支持显式创建和隐式创建两种申请方式。

显式创建：调用 aclrtCreateContext 接口显式创建 context，调用 aclrtCreateStream 接口显式创建 stream，并使用对应的销毁接口——aclrtDestroyContext 或 aclrtDestroyStream——在使用结束后销毁 context 或 stream，释放相应资源。显式创建方式更适合大型、复杂交互逻辑的应用，有助于提高程序的可读性和可维护性。

隐式创建：调用 aclrtSet 接口申请 device 资源时，会隐式地创建默认 context 和 stream，而调用 aclrtReset 接口时，此前创建的默认 context 和默认 stream 会自动被释放。隐式创建方式适用于简单、无复杂交互逻辑的应用开发，但缺点是在多线程中，每个线程都使用默认 context 或默认 stream，具体的执行顺序取决于操作系统线程调度策略，无法由用户自行控制。

基于上述运行管理资源申请方式，显示申请和释放流程可以抽象为流程图，分别如图 6-3 和图 6-4 所示。以下是关键步骤的代码示例，不可以直接用于编译运行，仅供参考。

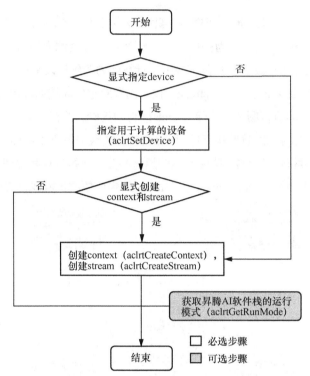

图 6-3 运行管理资源显式申请流程

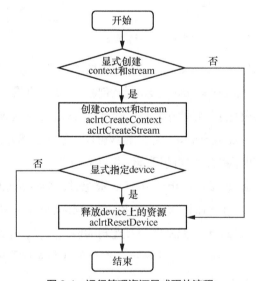

图 6-4 运行管理资源显式释放流程

```
1    // 初始化变量
2    extern bool g_isDevice;
```

```
3
4    // =====运行管理资源申请=====
5    // 指定运算的设备
6    aclError ret = aclrtSetDevice(deviceId_);
7
8    // 显式创建一个context，用于管理stream对象
9    ret = aclrtCreateContext(&context_, deviceId_);
10
11   // 显式创建一个stream
12   // 用于维护一些异步操作的执行顺序，确保按照应用程序中的代码调用顺序执行任务
13   ret = aclrtCreateStream(&stream_);
14
15   // 获取当前昇腾AI软件栈的运行模式，根据不同的运行模式，后续的接口调用方式不同
16   aclrtRunMode runMode;
17   ret = aclrtGetRunMode(&runMode);
18   g_isDevice = (runMode == ACL_DEVICE);
19   // =====运行管理资源申请=====
20
21   // 读者可以在此处加入自己的代码模块
22
23   // =====运行管理资源释放=====
24   ret = aclrtDestroyStream(stream_);
25   ret = aclrtDestroyContext(context_);
26   // =====运行管理资源释放=====
27
28   // ......
```

（3）媒体数据处理

AscendCL 提供了媒体数据处理的接口，可实现抠图、缩放、格式转换、视频或图像的编/解码等功能，将原图裁剪成符合模型的要求。本节以输入图像已满足模型的要求为前提，介绍模型推理的部分。

（4）模型推理

在模型推理场景下，必须要有适配昇腾 AI 处理器的离线模型（*.om 文件），这时可以使用昇腾张量编译器（ATC）来构建模型。如果模型推理涉及动态批处理和动态分辨率等特性，需在构建模型时增加相关配置。具体关于 ATC 工具的使用参见下文。

AscendCL 支持的加载模型（*.om 文件）方式有：

- 从*.om 文件中加载模型数据，由 AscendCL 管理内存；
- 从*.om 文件中加载模型数据，由用户自行管理内存；
- 从内存中加载模型数据，由 AscendCL 管理内存；
- 从内存中加载模型数据，由用户自行管理内存。

由 AscendCL 管理内存时，用户可以直接加载模型。模型加载成功后，系统返回标识模型的 ID。

当用户自行管理内存时，用户需要自行维护工作内存和权值内存，其中，工作内存用于存储模型执行过程中的临时数据，权值内存用于存储权值数据。AscendCL 提供根据模型文件获取模型执行时所需工作内存和权值内存大小的接口，以便用户使用。在实际管理时，用户需要先通过这个接口查询模型执行时所需的工作内存和权值内存大小，再根据返回结果申请相应大小的内存，最后加载模型。模型加载成功后，系统返回标识模型的 ID。

以下是一个由用户管理内存的代码示例。

```
1   // 获取模型执行时所需的权值内存大小和工作内存大小
2   aclError ret = aclmdlQuerySize(omModelPath, &modelWorkSize,
    &modelWeightSize);
3
4   // 申请模型执行的工作内存
5   ret = aclrtMalloc(&modelWorkPtr, modelWorkSize, ACL_MEM_MALLOC_HUGE_FIRST);
6
7   // 申请模型执行的权值内存
8   ret = aclrtMalloc(&modelWeightPtr, modelWeightSize, ACL_MEM_MALLOC_HUGE_FIRST);
9
10  // 从 om 模型文件加载模型
11  ret = aclmdlLoadFromFileWithMem(modelPath, &modelId, modelWorkPtr,
    modelWorkSize, modelWeightPtr, modelWeightSize);
```

（5）模型运行

完成模型加载后，用户即可调用 AscendCL 接口，运行模型来执行任务。在模型运行阶段，用户须确保模型的输入、输出数据已按照 AscendCL 规定的数据类型存储。相关数据类型格式如下。

aclmdlDesc 数据类型：描述模型基本信息，例如输入/输出的个数、名称、数据类型、格式、维度等。模型加载成功后，用户可根据模型的 ID 调用该数据类型下的操作接口，获取该模型的描述信息，进而从模型的描述信息中获取模型输入/输出的个数、内存大小、维度、格式、数据类型等信息。

aclDataBuffer 数据类型：描述每个输入/输出的内存地址、内存大小。调用 aclDataBuffer 类型下的操作接口可获取内存地址、内存大小等，便于向内存中存储输入数据，获取输出数据。

aclmdlDataset 数据类型：描述模型的输入/输出数据。由于模型可能存在多个输入/输出，调用 aclmdlDataset 类型的操作接口可添加多个 aclDataBuffer 类型的数据。

以下是模型运行中数据准备的代码示例。

```
1   // 获取加载后的模型ID与模型相关信息
2   aclmdlDesc *modelDesc = aclmdlCreateDesc();
3   aclError ret = aclmdlGetDesc(modelDesc, modelId);
4
5   // 准备输入数据
6   // 申请输入内存
7   // 申请模型执行的权值内存
8   void *modelInputBuffer = nullptr;
9   size_t modelInputSize = aclmdlGetInputSizeByIndex(modelDesc, 0);
10  ret = aclrtMalloc(&modelInputBuffer, modelInputSize, ACL_MEM_MALLOC_NORMAL_ONLY);
11
12  // 准备模型的输入数据结构
13  // 创建aclmdlDataset类型的数据，描述模型的输入
14  input = aclmdlCreateDataset();
    aclDataBuffer *inputData = aclCreateDataBuffer(modelInputBuffer, model InputSize);
15  ret = aclmdlAddDatasetBuffer(input_, inputData);
16
17  // 准备模型的输出数据结构
18  // 创建aclmdlDataset类型的数据，描述模型推理的输出
19  output_ = aclmdlCreateDataset();
20  // 获取模型输出个数
21  size_t outputSize = aclmdlGetNumOutputs(modelDesc_);
22  // 循环申请输出内存，并将输出添加到aclmdlDataset数据类型
23  for (size_t i = 0; i < outputSize; ++i) {
24      size_t buffer_size = aclmdlGetOutputSizeByIndex(modelDesc_, i);
25      void *outputBuffer = nullptr;
26      aclError ret = aclrtMalloc(&outputBuffer, buffer_size, ACL_MEM_MALLOC_NORMAL_ONLY);
27      aclDataBuffer* outputData = aclCreateDataBuffer(outputBuffer, buffer_size);
28      ret = aclmdlAddDatasetBuffer(output_, outputData);
29  }
```

需要注意的是，模型执行前必须准备好模型执行所需的输入和输出数据，若模型还有动态批处理等自定义特性，则需要在模型执行前调用AscendCL接口传入相关信息，如执行所使用的批处理（batch）数量。以下是模型运行中模型执行的代码示例。

```
1   // 模型执行
2   string testFile[] = {
        "../data/dog1_1024_683.bin",
        "../data/dog2_1024_683.bin"
    };
3
```

```cpp
4    for (size_t index = 0;
     index < sizeof(testFile) / sizeof(testFile[0]); ++index) {
5    // 自定义函数 ReadBinFile，输出图像文件占用的内存大小 inputBuffSize，以及图像文件
     // 存储在内存中的地址 inputBuff
6    void *inputBuff = nullptr;
7    uint32_t inputBuffSize = 0;
8    auto ret = Utils::ReadBinFile(fileName, inputBuff, inputBuffSize);
9    // 准备模型推理的输入数据
10   // 获取软件栈的运行模式
11   if (!g_isDevice) {
12   aclError aclRet = aclrtMemcpy(modelInputBuffer, modelInputSize, inputBuff,
     inputBuffSize, ACL_MEMCPY_HOST_TO_DEVICE);
13   (void)aclrtFreeHost(inputBuff);
14   }
15   else {
16   aclError aclRet = aclrtMemcpy(modelInputBuffer, modelInputSize, inputBuff,
     inputBuffSize, ACL_MEMCPY_DEVICE_TO_DEVICE);
17   (void)aclrtFree(inputBuff);
18   }
19
20   // 执行模型推理
21   aclError ret = aclmdlExecute(modelId_, input_, output_)
22   // 处理模型推理的输出数据，输出 top5 置信度的类别编号
23   for (size_t i = 0; i < aclmdlGetDatasetNumBuffers(output_); ++i){
24   // 获取每个输出的内存地址和内存大小
25   aclDataBuffer* dataBuffer = aclmdlGetDatasetBuffer(output_, i);
26   void* data = aclGetDataBufferAddr(dataBuffer);
27   size_t len = aclGetDataBufferSizeV2(dataBuffer);
28   // 将内存中的数据转换为 float 类型
29   float *outData = NULL;
30   outData = reinterpret_cast<float*>(data);
31   // 显示每张图像的 top5 置信度的类别编号
32   map<float, int, greater<float> > resultMap;
33   for (int j = 0; j < len / sizeof(float); ++j) {
34   resultMap[*outData] = j;
35   outData++;
36   }
37   int cnt = 0;
38   for (auto it = resultMap.begin(); it != resultMap.end(); ++it){
39   // print top 5
40   if (++cnt > 5) {
41   break;
42   }
43   INFO_LOG("top %d: index[%d] value[%lf]", cnt, it->second, it->first);
44   }
```

推理任务完成后,需要释放相关的输入和输出资源,具体包括数据结构和内存。以下是模型运行中释放资源的代码示例。

```
1    // 释放模型推理的输入和输出资源
2    // 释放输入资源,包括数据结构和内存
3    for (size_t i = 0; i < aclmdlGetDatasetNumBuffers (input_); ++i){
4        aclDataBuffer *dataBuffer = aclmdlGetDatasetBuffer (input_, i);
5        (void) aclDestroyDataBuffer (dataBuffer);
6    }
7    (void) aclmdlDestroyDataset (input_);
8    input_ = nullptr;
9    aclrtFree (modelInputBuffer);
10
11   // 释放输出资源,包括数据结构和内存
12   for (size_t i = 0; i < aclmdlGetDatasetNumBuffers (output_); ++i){
13       aclDataBuffer* dataBuffer = aclmdlGetDatasetBuffer (output_, i);
14       void* data = aclGetDataBufferAddr (dataBuffer);
15       (void) aclrtFree (data);
16       (void) aclDestroyDataBuffer (dataBuffer);
17   }
18
19   (void) aclmdlDestroyDataset (output_);
20   output_ = nullptr;
```

除了数据结构和内存外,还需要通过 aclmdlUnload 接口卸载模型,并销毁 aclmdlDesc 类型的模型描述信息,释放模型运行的工作内存和权值内存,代码示例如下。

```
1    // 模型卸载
2    aclError ret = aclmdlUnload (modelId_);
3
4    // 释放模型描述信息
5    if (modelDesc_ != nullptr) { (void) aclmdlDestroyDesc (modelDesc_);
6    modelDesc_ = nullptr;
7    }
8
9    // 释放模型运行的工作内存
10   if (modelWorkPtr_ != nullptr) { (void) aclrtFree (modelWorkPtr_);
11   modelWorkPtr_ = nullptr;
12   modelWorkSize_ = 0;
13   }
14
15   // 释放模型运行的权值内存
```

```
16      if(modelWeightPtr_ != nullptr){(void)aclrtFree(modelWeightPtr_);
17      modelWeightPtr_ = nullptr;
18      modelWeightSize_ = 0;
19      }
```

至此，模型推理基本流程的介绍已结束。

6.2 张量编译器（ATC）

ATC 是 CANN 体系下的模型转换工具，可以将开源框架的网络模型或 Ascend IR 定义的单算子描述文件（JSON 格式）转换为昇腾 AI 处理器支持的 .om 格式离线模型，其功能架构如图 6-5 所示。

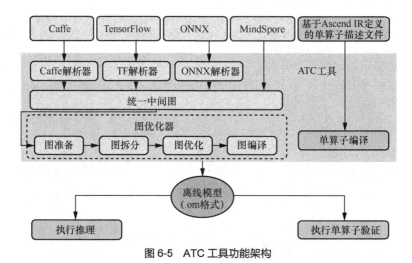

图 6-5 ATC 工具功能架构

模型转换过程中，ATC 会进行算子调度优化、权重数据重排、内存使用优化等具体操作，对原始的深度学习模型进行进一步调优，以满足部署场景下的高性能需求，使深度学习模型能够高效执行在昇腾 AI 处理器上。

6.2.1 ATC 内部原理

本小节将整体介绍 ATC 工具如何将输入的神经网络模型转换为离线模型文件。

首先，ATC 的输入为通过各类深度学习框架编写的神经网络模型。获取模型定义后，ATC 采用类似 Java 运行环境（Java runtime environment，JRE）的设计方式，对不同深度学习框架实现了相应的解析器。经过对应的解析器解析后，模型被转换为以中间表示图形（intermediate representation graph，IR Graph）表示的统一中间图。

然后，基于 IR Graph，图优化器将顺序执行图准备、图拆分、图优化、图编译等一系列优化操作，最终将神经网络模型转化为适配昇腾 AI 处理器的离线模型。

最后，转换后的离线模型（.om 格式文件）会被上传到昇腾开发人员板。在开发人员板上通过 AscendCL 接口，加载模型完成推理过程。用户也可以直接将基于深度学习框架编写的神经网络模型通过 ATC 工具转成 JSON 格式文件，以便用户查看。

若整个工作流都在昇腾框架下，那么 ATC 模型转换流程会得到大大简化。这种情形下，ATC 的输入是 Ascend IR 定义的单算子描述文件（JSON 格式），通过 ATC 工具进行单算子编译后，转换为适配昇腾 AI 处理器的单算子离线模型，并上传到板端环境。用户直接通过 AscendCL 接口加载单算子离线模型，验证单算子功能。

6.2.2 ATC 功能介绍

ATC 的主要功能包括离线模型的 JSON 格式文件化转换、离线模型对动态批处理规模与动态分辨率的支持、离线模型的动态维度设置、自定义离线模型输入/输出数据类型，以及软件版本号查询等。

（1）离线模型的 JSON 格式文件化转换

这里以基于 TensorFlow 框架编写的 ResNet-50 模型为例，使用 atc 命令进行模型转换。输入为原始模型文件，具体命令如下。

```
atc --mode = 1
--om = $HOME/module/resnet50_tensorflow*.pb
--json = $HOME/module/out/tf_resnet50.json
--framework = 3
```

在该命令中，--om 参数需要被指定为原始模型文件位置，--json 参数指定了输出 JSON 格式文件的位置，--framework 参数表示原始网络模型框架类型（如值为 0 表示 Caffe 框架，值为 3 表示 TensorFlow 框架）。由于是原始模型，因此--model 参数值指定为 1。后面将介绍--model 参数的其他情况。

如果输入是离线模型文件，则需要先将原始模型转成离线模型，再执行离线模型转成 JSON 格式文件的操作。原始模型转成离线模型的命令示例如下。

```
atc --model = $HOME/module/resnet50_tensorflow*.pb
--framework =3
--output = $HOME/module/out/tf_resnet50
```

```
--soc_version =< soc_version >
```

离线模型转成 JSON 格式文件,命令示例如下。

```
atc --mode = 1
--om = $HOME/module/out/tf_resnet50.om
--json = $HOME/module/out/tf_resnet50.json
```

若模型转换成功,则系统会显示 "ATC run success"。若模型转换失败,则需要参考错误码进行定位。成功执行上述命令后,在--json 参数指定的路径下可查看转换后的 JSON 格式文件信息。

(2)离线模型对动态批处理规模与动态分辨率的支持

在某些推理场景,如检测出目标后再执行目标识别网络中,目标个数不固定会导致目标识别网络输入批处理规模(BatchSize)不固定。如果每次推理都按照最大的 BatchSize 或最大分辨率进行计算,会造成计算资源浪费,因此,模型转换需要支持动态批处理规模和动态分辨率的设置。用户可使用 ATC 工具通过--dynamic_batch_size 参数设置支持的 BatchSize 档位,通过--dynamic_image_size 参数设置支持的分辨率档位。

这里依然以 TensorFlow 框架编写的 ResNet-50 网络模型为例,首先获取原始模型文件,以 CANN 软件包运行用户登录开发环境,并将模型转换过程中用到的模型文件(*.pb)上传到开发环境任意路径,如上传到$HOME/module/目录下。然后,在 atc 命令加入--dynamic_batch_size 参数或者--dynamic_image_size,执行如下命令生成离线模型。请注意:命令中使用的目录以及文件均为样例,请读者以实际为准。动态批处理规模和动态分辨率二者选一即可,不必都做。

动态批处理规模命令如下。

```
atc
-model = $HOME/module/resnet50_tensorflow*.pb
--framework = 3
--output = $HOME/module/out/tf_resnet50
--soc_version =< soc_version >
--input_shape = "Placeholder: -1, 224, 224,3"
--dynamic_batch_size = "1, 2, 4, 8"
```

动态分辨率命令如下。

```
atc
--model = $HOME/module/resnet50_tensorflow*.pb
--framework = 3
--output = $HOME/module/out/tf_resnet50
--soc_version = <soc_version>
```

```
--input_shape = "Placeholder: 1, -1, -1, 3"
--dynamic_image_size = "224, 224; 448, 448"
```

运行上述命令后,若系统未显示"ATC run success",则说明模型转换失败,请读者参考错误码进行定位。

成功执行命令后,在--output 参数指定的路径下可查看离线模型(如 tf_resnet50.om)。

模型转换完成后,生成的 om 模型中会新增一个输入。模型推理时通过该新增的输入提供具体的 BatchSize 值(每次迭代中使用的样本数量或分辨率值)。例如,a 输入的 BatchSize 是动态的(或分辨率是动态的),那么 om 模型中会有与 a 对应的 b 输入来描述 a 的 BatchSize(或分辨率取值)。

(3)离线模型的动态维度设置

为了支持 Transformer 等神经网络输入维度不确定的情况,ATC 支持通过 --dynamic_dims 参数实现任意格式(表示为 ND)下任意维度的档位设置。当前 ND≤4。

获取模型文件后,以 CANN 软件包运行用户登录开发环境,并将支持设置动态维度的模型文件上传到开发环境任意路径,例如上传到$HOME/module/目录下。然后,在 atc 命令中加入--dynamic_dims 等相关参数,执行如下命令生成离线模型。

```
atc
--model = $HOME/module/resnet50_tensorflow*.pb
--framework = 3
--output = $HOME/module/out/tf_resnet50
--soc_version =< soc_version>
--input_shape = "Placeholder: -1, -1, -1, 3"
--dynamic_dims ="1, 224, 224; 8, 448, 448"
--input_format = ND
```

运行上述代码后,若系统未显示"ATC run success",则说明模型转换失败,请读者参考错误码进行定位。

成功执行命令后,在--output 参数指定的路径下可查看离线模型。

模型转换完成后,生成的 om 模型中会新增一个输入。模型推理时通过该新增的输入提供具体的维度值。例如,a 输入的维度是动态的,那么 om 模型中会有与 a 对应的 b 输入来描述 a 的维度值。

(4)自定义离线模型输入/输出数据类型

模型转换时支持指定网络的输入节点和输出节点的数据类型、格式、模型转换支持精度选择等关键参数。例如,指定 MaxPoolWithArgmax 算子作为模型输出算子,如图 6-6 所示。

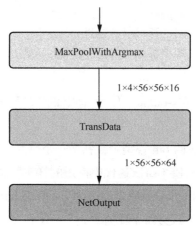

图 6-6 输出算子指定示意

又如，对于 TensorFlow 框架编写的 ResNet-50 模型，要求转换后离线模型的输入数据类型为 FP16，指定 MaxPoolWithArgmax 算子作为输出算子（对应的节点名称为 fp32_vars/MaxPoolWithArgmax），并且指定输出节点的数据类型为 FP16。这时需要使用 --input_fp16_nodes、--out_nodes、--output_type 等参数满足上述要求。

首先，以 CANN 软件包运行用户登录开发环境，并将模型转换过程中用到的模型文件（*.pb）上传到开发环境任意路径，例如上传到$HOME/module/目录下。然后，在 atc 命令中加入--input_fp16_nodes、--out_nodes、--output_type 参数，执行如下命令生成离线模型。

```
atc
--model = $HOME/module/resnet50_tensorflow_1.7.pb
--framework = 3
--output = $HOME/module/out/tf_resnet50
--soc_version =< soc_version>
--input_fp16_nodes = "Placeholder"
--out_nodes = "fp32_vars/MaxPoolWithArgmax:0"
--output_type = "fp32_vars/MaxPoolWithArgmax:0:FP16"
```

运行上述代码后，若系统未显示"ATC run success"，则说明模型转换失败，请读者参考错误码进行定位。

如果用户想查看转换后离线模型中上述指定节点以及指定数据类型相关信息，则可以将上述离线模型转成 JSON 格式文件查看，命令如下。

```
atc
--mode = 1 --om = $HOME/module/out/tf_resnet50.om
--json = $HOME/module/out/tf_ resnet50.json
```

（5）软件版本号查询

由于不同版本的软件存在功能差异，所转换的离线模型功能也会有差异，因此建议用户使用匹配软件版本的 ATC 工具重新进行模型转换。假如已有转换好的离线模型（如 tf_resnet50.om），想查看使用软件的版本号，则以 CANN 软件包运行，将离线模型上传至开发环境任意目录（如上传到 $HOME/module/ 目录下），转换成 JSON 格式文件，具体命令如下。

```
atc
--mode = 1
--om = $HOME/module/tf_resnet50.om
--json = $HOME/module/out/ tf_ resnet50.json
```

在转换后的 JSON 格式文件中，读者可以查看原始模型转换为该离线模型时所使用的软件版本号。

6.2.3 ATC 应用示例

下面以深度学习框架编写的神经网络模型转换为 om 模型为例，详细介绍模型在转换过程中与周边模块的交互流程。

根据计算单元的不同，神经网络模型算子分为 TBE 算子、AI CPU 算子，其中，TBE 算子在 AI Core 上运行，AI CPU 算子在 AI CPU 上运行。TBE 算子和 AI CPU 算子的模型转换交互流程中，虽然都涉及图准备、图拆分、图优化、图编译等操作节点，但由于两者的计算单元不同，因此涉及交互的内部模块也有所不同。

图 6-7 展示了 TBE 算子模型的交互流程，具体如下。

① 调用框架解析器功能，将主流框架的模型格式转换成 CANN 模型格式。

② 图准备阶段：完成原图优化及 infershape 推导（设置算子输出的 shape 和 dtype）等功能。原图优化时：GE 向 FE（fusion engine，可理解为融合模块）发送图优化请求，并将图下发给 FE；FE 匹配融合规则进行图融合和算子选择，选择优先级最高的算子类型进行算子匹配，之后将优化后的整图返回给 GE。

③ 图拆分阶段：GE 根据图中数据将图拆分为多个子图，将拆分后的子图下发给 FE。

④ 图优化阶段：FE 首先在子图内部插入转换算子，然后按照当前子图流程进行 TBE 算子预编译，对 TBE 算子进行 UB 融合，并根据算子信息库中的算子信息找到算子，将其编译成算子 kernel（算子的*.o 与*.json），最后将优化后的子图返回给 GE。

优化后的子图合为整图，并进行整图优化。

⑤ 图编译阶段：GE 进行图编译，包含内存分配、流资源分配等，并向 FE 发送 tasking 请求，FE 返回算子的 taskinfo 信息给 GE，图编译完成之后生成适配昇腾 AI 处理器的离线模型文件（*.om）。

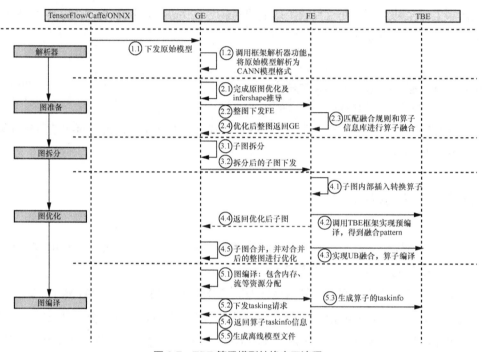

图 6-7 TBE 算子模型转换交互流程

图 6-8 展示了 AI CPU 算子模型交互流程，具体如下。

① 调用框架解析器功能，将主流框架的模型格式转换成 CANN 模型格式。

② 图准备阶段：该阶段会完成算子基本参数校验及 infershape 推导（设置算子输出的 shape 和 dtype）等功能。另外，GE 将整图下发给 AI CPU Engine，AI CPU Engine 读取算子信息库，匹配算子支持的 format，并将 format 返回给 GE。

③ 图拆分阶段：GE 根据图中数据将图拆分为多个子图，将拆分后的子图下发给 AI CPU Engine。

④ 图优化阶段：AI CPU Engine 进行子图优化，并将优化后的子图返回给 GE。优化后的子图合并为整图，并进行整图优化。

⑤ 图编译阶段：GE 进行图编译，包含内存分配、流资源分配等，并向 AI CPU Engine 发送 genTask 请求，AI CPU Engine 返回算子的 taskinfo 信息给 GE，图编译完

成之后生成适配昇腾 AI 处理器的离线模型文件（*.om）。

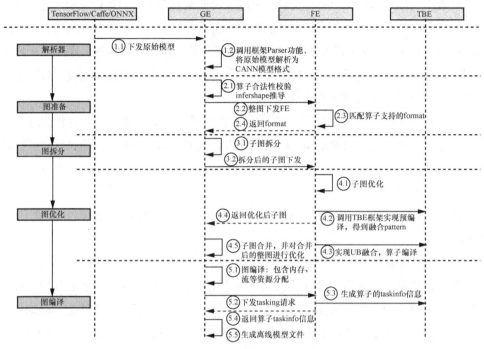

图 6-8　AI CPU 算子模型转换交互流程

6.3　张量优化与算子开发

　　TBE 负责执行昇腾 AI 处理器中运行在 AI Core 上的算子，提供基于 TVM 框架的自定义算子开发能力。通过 TBE 提供的 API，用户可以完成相应神经网络算子的开发。TBE 在昇腾 AI 软件栈中的逻辑体现如图 6-9 所示。

图 6-9　TBE 在昇腾 AI 软件栈中的逻辑体现

（1）TVM

随着深度学习的广泛应用，大量的深度学习框架及深度学习硬件平台应运而生，但不同平台的神经网络模型难以在其他硬件平台便捷的运行，无法充分利用新平台的运算性能。TVM 解决了以上问题。它是一个开源的深度学习编译栈，通过统一的中间表达堆栈连接深度学习模型和后端硬件平台，通过统一的结构优化调度，可以支持 CPU、GPU 和特定的加速器平台和语言。

TBE 给用户提供了多层灵活的算子开发方式。用户可以根据自己对硬件的理解程度自由选择，利用工具的优化和代码生成能力，生成昇腾 AI 处理器的高性能可执行算子。

（2）前端框架

前端框架包含华为公司的 MindSpore，以及第三方框架 TensorFlow 框架、Caffe 等。

（3）图编译器

图编译器是基于昇腾 AI 软件栈对不同的机器学习框架提供统一的 IR 接口，对接上层神经网络模型框架。图编译器主要功能包括图准备、图拆分、图优化、图编译、图加载、图执行、图管理等（此处的图指神经网络模型拓扑图），最终将用户输入的 IR 计算图编译成可以在昇腾 AI 处理器运行的模型。

（4）TBE

TBE 向用户提供开发自定义算子所需的工具。TBE 通过 IR 定义，为图编译器的图推导提供必要的算子信息，并通过算子信息库提供算子调用等功能。TBE 生成的二进制程序可在昇腾 AI 处理器上执行。

前文已介绍过，CANN 算子有两种类型：TBE 算子与 AI CPU 算子。CANN 算子库已经包含了丰富的高性能预编译算子，让神经网络的运行性能更高。一般场景下，用户不需要自己开发算子。但是，若遇到以下情况，开发人员需要考虑开发自定义算子。

- 训练场景下，将第三方框架（例如 TensorFlow、PyTorch 等）的神经网络训练脚本迁移到昇腾 AI 处理器时遇到了不支持的算子。
- 推理场景下，在使用 ATC 工具将第三方框架模型（例如 TensorFlow、Caffe、ONNX 等）转换为适配昇腾 AI 处理器的离线模型时遇到了不支持的算子。
- 神经网络调优时某算子性能较低，影响神经网络性能，需要重新开发一个高性能算子来替换性能较低的算子。
- 推理场景下，若应用程序中的某些逻辑涉及数学运算（如查找最大值、进行数据类型转换等），开发人员可以通过自定义算子的方式进行实现，然后在应用程序中对算子进行调用，将算子在昇腾 AI 处理器上运行，达到利用 AI 处理器提升性能的目的。

例如一个分类应用，其功能是从分类模型的推理结果中查找可能性较大的前 5 个标识，这时可以自定义一个查找最大值的算子（例如 ArgMax），后续就可以直接通过 AscendCL 接口调用此算子，实现对推理结果的后处理。

6.3.1 算子模型定义

深度学习算法由一个个计算单元组成，这些计算单元称为算子（operator，OP）。在神经网络模型中，算子对应层中的计算逻辑，例如：卷积层（convolutional layer）相当于一个算子，全连接层（fully-connected layer，FC layer）中的权值求和过程也相当于一个算子。

在数学领域，一个函数空间到另一个函数空间上的映射 $O:X \rightarrow Y$，都称为算子。

从广义上讲，对任何函数进行的某一项操作也可以认为是一个算子，比如微分算子、不定积分算子等。

（1）算子名称

算子名称（name）用于标识网络中的某个算子，同一神经网络中算子的名称需要保持唯一。神经网络拓扑示例如图 6-10 所示，其中 Conv1、Pool1、Conv2 都是此网络中的算子名称，Conv1 与 Conv2 算子的类型为卷积，表示分别做一次卷积运算。

图 6-10　网络拓扑示例

（2）算子类型

网络中每一个算子根据算子类型（type）实现算子的匹配，相同类型算子的实现逻辑相同。在一个神经网络中，同一类型的算子可能存在多个，如图 6-10 中的 Conv1 算子与 Conv2 算子的类型都为卷积。

（3）张量

张量（tensor）是算子计算数据的容器，TensorDesc（Tensor 描述符）是对张量中数据的描述。TensorDesc 数据结构包含的属性及其定义如表 6-7 所示。

表 6-7 TensorDesc 数据结构包含的属性及其定义

属性	定义
名称	用于对张量进行索引,不同张量的名称需要保持唯一
形状	张量的形状,比如(10,)、(1024,1024)、(2,3,4)等 默认值:无 形式:$(i_1, i_2, \cdots, i_n)$,$i_1 \sim i_n$均为正整数
数据类型	指定张量对象的数据类型 默认值:无 取值范围:FP16、FP32、INT8、INT16、INT32、UINT8、UINT16、bool 等(不同计算操作支持的数据类型不同)
数据排布格式	数据的物理排布格式,定义了解读数据的维度

(4)形状

张量的形状(shape)以$(D_0, D_1, \cdots, D_{n-1})$的形式表示,其中,$D_0 \sim D_n$是任意的正整数。例如,形状(3,4)表示一个 3 行 4 列的矩阵。形状的第一个元素对应张量最外层方括号中的元素个数,形状的第二个元素对应张量中从左边开始数第二个方括号中的元素个数,依次类推。张量的形状示例如表 6-8 所示。

表 6-8 张量的形状示例

张量	形状	描述
1	(0,)	0 维张量,也是一个标量
[1,2,3]	(3,)	1 维张量
[[1,2], [3,4]]	(2,2)	2 维张量
[[[1,2], [3,4]], [[5,6], [7,8]]]	(2,2,2)	3 维张量

假设有一些图像,它的每个像素由红、绿、蓝 3 色组成,图像的宽和高都是 20 像素。这样的图像共有 4 幅,可得 shape = (4, 20, 20, 3)。

(5)轴

轴(axis)是相对形状来说的一个概念,其示意如图 6-11 所示。轴表示张量形状的下标。比如,张量 *a* 是一个 5 行 6 列的二维数组,即 shape = (5, 6),则 axis = 0 表示张量的第一维,即行。axis = 1 表示张量中的第二维,即列。

又如,张量[[[1, 2], [3, 4]], [[5, 6], [7, 8]]]的形状为(2, 2, 2),则 axis = 0 表示第一个

维度的数据，即[[1, 2], [3, 4]]与[[5, 6], [7, 8]]这两个矩阵，axis = 1 表示第二个维度的数据，即[1, 2]、[3, 4]、[5, 6]、[7, 8]这 4 个数组，axis = 2 代表第 3 个维度的数据即 1、2、3、4、5、6、7、8 这 8 个数。

axis 值可以为负数，此时表示倒数第 axis 个维度，如图 6-11 所示。

图 6-11　轴示意

（6）权重

当输入数据进入计算单元时，它会乘以一个权重（weight）。例如，如果一个算子有两个输入，则每个输入会分配一个关联权重，一般为重要的数据赋予大权重，不重要的数据赋予小权重。权重为 0 则表示特定的特征是不需要关注的。

权重计算示例如图 6-12 所示。假设输入数据为 X_1，与其相关联的权重为 W_1，那么在通过计算单元后，数据变为 $X_1 \times W_1$。

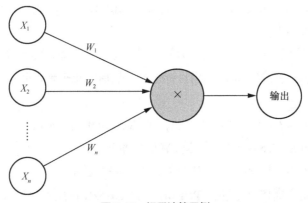

图 6-12　权重计算示例

（7）偏差

偏差（bias）是除了权重外，另一个作为输入的线性分量。它被加到权重与输入数据相乘的结果中，用于改变权重与输入相乘所得结果的范围。

偏差计算示例如图 6-13 所示。假设输入数据为 X_1，与其相关联的权重为 W_1，偏差为 B_1，那么通过计算单元后，数据变为 $X_1 \times W_1 + B_1$。

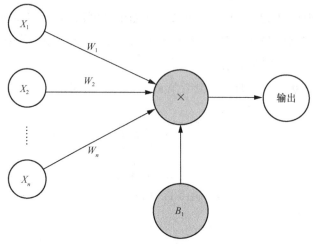

图 6-13 偏差计算示例

（8）广播

TBE 支持的广播规则：可以将数组的每个维度扩展为一个固定的形状（目标形状），需要被扩展的数组的每个维度的大小或与目标形状相等或为 1，广播会在元素个数为 1 的维度上进行。

例如，数组 a 的维度为 (2, 1, 64)，目标形状为 (2, 128, 64)，则广播可以将 a 的维度扩展为目标形状 (2, 128, 64)。

TBE 的计算接口（加、减、乘、除等）不支持自动广播，要求输入的两个张量的形状相同，所以操作前需要先计算出目标形状，然后将每个输入张量广播到目标形状进行计算。

例如，TensorA 的 shapeA = (4, 3, 1, 5)，TensorB 的 shapeB = (1, 1, 2, 1)，执行 TensorA + TensorB = TensorC，具体计算步骤如下。

步骤 1：计算出目标 shapeC，其含义为 TensorC 的形状。

步骤 2：调用广播接口分别将 TensorA 与 TensorB 扩展到目标 shapeC。

需要广播的张量的形状应满足规则：每个维度的大小或与目标形状相等或为 1。若不满足以上规则，则无法进行广播。例如，TensorB 第 4 个维度的大小为 3，不为 1 且不等于 TensorB 第 4 个维度的大小（即 5），所以无法进行广播。

步骤 3：调用计算接口，计算 TensorA + TensorB。

（9）降维

降维（reduction）是对多维数组的指定轴及之后的数据做降维操作。降维有很多种算子，例如 TensorFlow 中的 sum、min、max、all、mean 等算子，Caffe 中的 reduction 算子。本书以 Caffe 中的降维算子为例讲解降维相关操作。

（10）转换算子

转换算子是一种特殊的算子，用于转换张量的 DataType（数据类型）与格式（format）等信息，使图中的上、下游节点能够被正常处理。

图经过一系列处理（如下沉、优化、融合等）后，节点中的张量信息可能发生了变化，所以需要插入转换算子，使图能够继续被正常处理。在神经网络拓扑图进行编译时，FE 会自动插入转换算子，用户无须手工进行上、下游算子间的格式转换。转换算子主要有 format 和 DataType 两种类型。

① 格式转换

在采用 TensorFlow 编写的神经网络中，Conv2D、MatMul 算子使用的变量格式为 HWCN，其他算子使用变量格式为 NCHW 或 NHWC。AI Core 中 Conv2D、MatMul 算子使用变量格式为 FZ，其他算子使用变量格式为 NC1HWC0。AI CPU 中的算子使用的格式与 TensorFlow 神经网络一致。在神经网络运行时，不同的算子在不同的模块执行，这会涉及格式的转换。格式转换示例如图 6-14 所示。

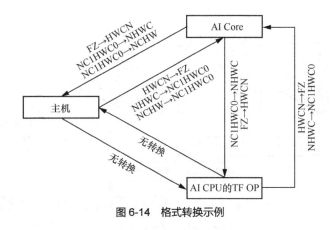

图 6-14　格式转换示例

② 数据类型转换

有些昇腾 AI 处理器的算子仅支持 FP16 类型的数据，当输入变量的数据类型为 FP32 时，就需要在变量与算子间添加数据类型转换算子。为了优化变量更新，训练网络会新增一个变量算子，其数据类型为 FP16。数据类型的转换示例如图 6-15 所示。正向与反向计算时，算子可直接使用 FP16 变量。梯度更新时，FP32 与 FP16 变量同时参与计算，其中 FP32 变量作为基准数据。

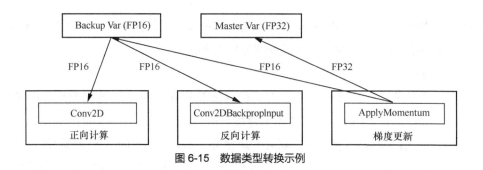

图 6-15　数据类型转换示例

6.3.2　自定义算子开发与优化

CANN 算子有 3 种开发方式：TBE DSL、TBE TIK 与 AI CPU。在进行代码开发前，用户首先需要选择合适的算子实现方式。选择算子开发方式流程如图 6-16 所示。

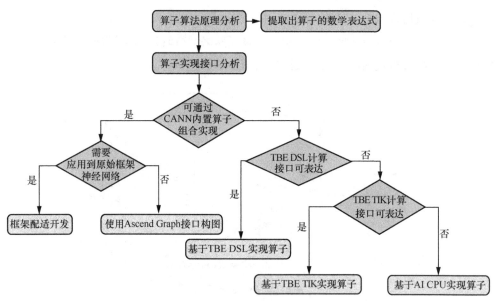

图 6-16　选择算子开发方式流程

下面介绍在全新开发算子的场景下，如何进行算子开发方式的选择。

针对待开发算子，先分析算子算法原理，提取出算子的数学表达式。然后，对指令流程进行分析，基本可分为以下 3 种开发方式。

方式 1：根据分析的数学表达式，相关算子若可以通过 CANN 内置算子组装，则优先选择通过 CANN 内置算子组合的方式进行功能实现。若算子的应用场景为将推理场景下应用程序中的某计算（例如查找最大值、数据类型转换等）利用昇腾 AI 处理器进行加速，则无须将算子应用到原始框架神经网络中，可通过 Ascend Graph 接口构图的方式实现计算功能，然后将构建的模型在 ACL 应用程序中进行加载并执行推理即可。若算子需要应用到原始框架神经网络中，则只需参见框架适配开发，实现原始神经网络中的算子到 CANN 中算子的映射即可。若无法通过 CANN 内置算子组装的方式实现，则考虑通过 TBE DSL 计算接口表达。

方式 2：若根据分析，相关算子可以通过 TBE DSL 计算接口表达（TBE DSL 计算接口已高度封装），则开发人员仅须完成计算过程的表达，后续的调度、优化及编译都可通过已有接口一键式完成，实现较为简单。但是，CANN 提供的 TBE DSL 计算接口有限，一般适用于实现多个向量运算的组合。对于较复杂的矩阵类计算接口，不支持与其他计算接口组合使用，详细可参见 TBE DSL API 中对应接口的约束说明。若通过 TBE DSL 计算接口无法表达算子的计算逻辑，则考虑 TBE TIK 计算接口。

方式 3：若前两种方式都无法表达算子逻辑，则分析 TBE TIK 计算接口是否可表达。TBE TIK 适用各类算子的开发，对于无法通过 lambda 表达描述的复杂计算场景也有很好的支持，例如排序类操作。但是，此开发方式难度较大，需要开发人员使用 TBE TIK 提供的 API 完成计算过程的描述及调度过程，需要手工控制数据搬运的参数和调度。若由于 TBE TIK 计算接口对某些数据类型不支持，导致无法使用 TBE TIK 实现算子，可以选择使用 AI CPU 的方式进行算子的实现。TBE TIK 的实现难度较大，若要快速打通网络，也可以优先选择 AI CPU 的方式进行算子实现，后续的性能调测过程中再将 AI CPU 自定义算子转换为 TBE TIK 算子实现即可。

6.3.3　算子开发编程方式

本小节以 CANN 算子库中未包含的自定义算子为例，介绍算子开发编程方式。读者可以查询 CANN 已支持算子库，判断算子库是否包含所需算子。

算子开发有两种编程方式，它们分别是通过 MindStudio 工具进行自定义算子开发，以及用命令行方式进行自定义开发。二者流程相同，区别仅在开发方式上。

开发完成后一般需要进行第三方框架适配，但是，若用户开发的自定义算子仅用于构造 Ascend Graph 或者通过 AscendCL 进行单算子调用，则无须进行第三方框架的适配（即如下开发流程中的"算子适配插件开发"）。全新开发算子的流程如图 6-17 和图 6-18 所示，具体步骤如下。

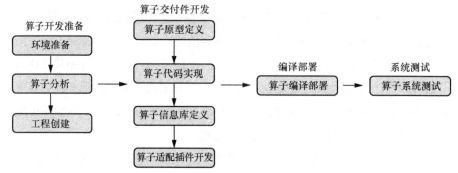

图 6-17　基于 MindStudio 全新开发算子的流程

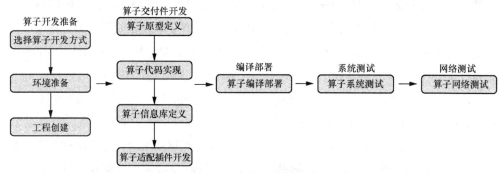

图 6-18　采用命令行方式全新开发算子的流程

步骤 1：环境准备。 CANN 组合包提供进程级环境变量设置脚本，供用户在进程中引用，以自动完成环境变量设置，执行命令如下。以下示例均为 root 或非 root 用户默认安装路径，请读者以实际安装路径为准。

```
# 以 root 用户安装 toolkit 包
. /usr/local/Ascend/ascend-toolkit/set_env.sh
# 以非 root 用户安装 toolkit 包
. ${HOME}/Ascend/ascend-toolkit/set_env.sh
```

步骤 2：算子原型定义注册。 算子原型定义规定了在昇腾 AI 处理器上可运行算子的约束，主要体现为算子的数学含义（包含定义算子输入、输出和属性信息），以及基本参数的校验和形状的推导。算子原型定义会被注册到 GE 的算子库中。神经网络模型生成时，GE 会调用算子库的校验接口进行基本参数的校验，校验通过后根据算子库中的推导函数，推导每个节点的输出形状与数据类型，进行输出张量的静态内存分配。

算子原型定义在 GE 注册的流程如图 6-19 所示，具体如下。

① 首先 GE 接收到第三方框架的原始神经网络模型，并进行初始化。这里将神经网络模型的拓扑图简称为图（Graph）。

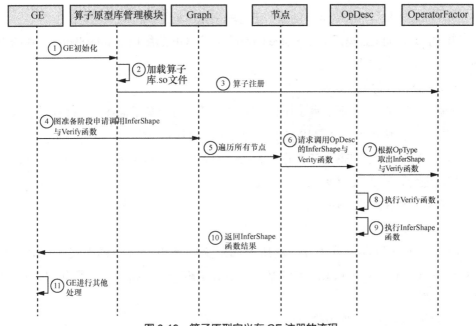

图 6-19　算子原型定义在 GE 注册的流程

② 算子库管理模块从 CANN 算子库的"opp/built-in/op_proto/lib"目录下，加载对应操作系统和架构的算子库 so 文件。

③ 算子原型库管理模块根据 so 文件中的信息在 OperatorFactory 中进行算子注册，其中包括算子基本信息注册、InferShape 函数注册、Verify 函数注册。这三部分以算子类型（OpType）作为 key 分别注册到 3 个 map 文件中进行保存。

④ 图准备阶段，GE 向 Graph 发送调用 InferShape 函数与 Verify 函数的请求。InferShape 函数用于进行输出形状的推导，从而进行静态内存的分配。Verify 函数用户进行参数的基本校验。

⑤ Graph 遍历图中所有节点。

⑥ 每个节点向 OpDesc 发送调用 InferShape 函数与 Verify 函数的请求。

⑦ OpDesc 从 OperatorFactory 中根据 OpType 取出对应的 InferShape 函数与 Verify 函数。

⑧ OpDesc 执行 Verify 函数进行校验，如果校验成功，则继续往下执行；如果校验失败，则直接返回[1]。

---

[1] 返回对应的是程序的"return"，表示这一段函数结束。返回值可以是一个空值或者需要的值，这里的意思是返回空值，指示程序的结束。

⑨ OpDesc 执行 InferShape 函数,进行输出张量的形状推导。

⑩ OpDesc 向 GE 返回 InferShape 函数的结果,GE 后续根据 InferShape 函数结果分配输出张量的静态内存。

⑪ GE 进行其他处理。

步骤 3:算子 IR 注册。算子原型(即 IR)用于进行算子描述,包括算子输入、输出信息,属性信息等。算子 IR 注册可把算子注册到算子库中。

算子 IR 注册需要在算子工程目录的/op_proto/算子名称.h 文件中实现。下面详细讲解如何进行算子 IR 定义头文件的实现。

步骤 4:IR 注册头文件。

① 宏定义

使用如下语句进行算子 IR 注册宏的定义,其中,宏名称固定为 GE_OP_OPERATORTYPE_H,OPERATORTYPE 为使用 REG_OP(OpType)语句中 OpType 的大写形式。

```
1    #ifndef GE_OP_OPERATORTYPE_H        // 条件编译
2    #define GE_OP_OPERATORTYPE_H        // 进行宏定义
```

② 包含头文件

在算子 IR 实现文件的头部使用预编译命令"#include",将算子 IR 注册头文件包含到算子 IR 实现文件中。

```
1    #include "graph/operator_reg.h"
```

operator_reg.h 存在于 CANN 软件安装后文件存储路径的"include/graph/"路径下。包含头文件可使用算子类型注册相关的函数、宏、结构体等。

③ 原型注册

GE 提供 REG_OP 宏,以"."链接 INPUT、OUTPUT、ATTR 等接口注册算子的输入、输出和属性信息,最终以 OP_END_FACTORY_REG 接口结束,完成算子的注册。注册代码实现如下。

```
1    namespace ge{REG_OP(OpType)// 算子类型名称
2        .INPUT(x1, TensorType({ DT_FLOAT, DT_INT32 }))
3        .INPUT(x2, TensorType({ DT_FLOAT, DT_INT32 }))
4        // .OPTIONAL_INPUT(b, TensorType{DT_FLOAT})
5        // .DYNAMIC_INPUT(x, TensorType{DT_FLOAT, DT_INT32})
6        .OUTPUT(y, TensorType({ DT_FLOAT, DT_INT32 }))
7        // .DYNAMIC_OUTPUT(y, TensorType{DT_FLOAT, DT_INT32})
8        .ATTR(x, Type, DefaultValue)
9        // .REQUIRED_ATTR(x, Type)
```

```
10      // .GRAPH(z1)
11      // .DYNAMIC_GRAPH(z2)
12      .OP_END_FACTORY_REG(OpType)
13    }
```

注册算子类型,命令如下。

```
REG_OP(OpType)
```

OpType 表示注册到昇腾 AI 处理器的自定义算子库的算子类型可以任意命名,但不能和已有的算子命名冲突。

步骤 5:注册算子输入。算子输入包括 3 种类型:必选输入、可选输入和动态多输入(指算子的输入个数不固定),每一个输入都需要根据自身实际类型选择一种进行注册。

步骤 6:注册算子输出。算子输出包括两种类型:必选输出与动态多输出(指算子的输出个数不固定),每一个输出都需要根据自身实际类型选择一种进行注册。

步骤 7:注册算子属性。算子属性包括两种类型:必选属性与可选属性,每一个属性都需要根据自身实际类型选择一种进行注册。

步骤 8:注册算子包含的子图信息。若算子为一个大算子,里面包含多个小算子,即为小算子组成的子图,则需要进行子图注册。子图注册一般用于控制类算子(分支算子、循环算子等)。子图包含静态子图与动态子图两种类型,开发人员可根据自身实际类型选择一种进行注册。

结束算子注册,命令如下。

```
OP_END_FACTORY_REG(OpType)
```

OpType 与 REG_OP(OpType)中的 OpType 保持一致。

结束条件编译,命令如下。

```
1    #endif
```

上述准备工作完成后,即可进行算子代码实现。

首先,读者需要在算子工程的"cpukernel/impl/xx.h"文件中进行算子类的声明,如下所示。

```
1    // CpuKernel 基类以及注册宏定义
2    #include "cpu_kernel.h"
3    // 定义命名空间 aicpu
4    namespace aicpu {
5    // 算子类继承 CpuKernel 基类
6    class SampleCpuKernel : public CpuKernel {
7    public:
8        ~SampleCpuKernel() = default;
```

```
9      // 声明函数 Compute，且 Compute 函数需要重写
10     uint32_t Compute (CpuKernelContext &ctx) override;
11     };
12     } // namespace aicpu
```

引入头文件"cpu_kernel.h"。头文件"cpu_kernel.h"中包含 AI CPU 算子基类 CpuKernel 的定义。

此头文件会自动引入以下头文件。

- cpu_tensor.h，包含 AI CPU 的张量类的定义及相关方法。
- cpu_tensor_shape.h，包含 AI CPU 的 TensorShape 类及相关方法。
- cpu_types.h，包含 AI CPU 的数据类型及格式等定义。
- cpu_attr_value.h，包含 AttrValue 类的属性定义及方法。

进行算子类的声明，此类为 CpuKernel 类的派生类，并需要声明重新载入 Compute 函数，Compute 函数需要在算子实现文件中进行实现。算子类的声明需要在命名空间"aicpu"中。命名空间的名字"aicpu"为固定值，不允许修改。

读者需要在算子工程的"cpukernel/impl/xx.cc"文件中进行算子的计算逻辑实现，如下所示。

```
1      #include "sample_kernels.h"
2      #include "cust_cpu_utils.h"
3      namespace {
4      const char *SAMPLE = "sample";
5      }
6      namespace aicpu {
7      uint32_t SampleCpuKernel::Compute (CpuKernelContext &ctx)
8      {
9      Tensor *x0 = ctx.Input (0);
10     ……
11     Tensor *x1 = ctx.Input (1);
12     ……
13     Tensor *y0 = ctx.Output (0);
14     ……
15
16     AttrValue *attr = ctx.GetAttr (attr);
17     ……
18
19     ……
20     return 0;
21     }
22     REGISTER_CPU_KERNEL (SAMPLE, SampleCpuKernel);
23     }
```

步骤 9：计算函数实现示例如下，主要包括合法性校验和计算逻辑实现两部分。
读者可根据需要在合适的地方调用 Dump 日志接口，打印相关调试信息。

```
1   // 从 context 中获取 input tensor
2   Tensor *input = ctx.Input(0);
3   if(input == nullptr){
4       return 1;
5   }
6   auto inputShape = input->GetTensorShape();
7   for(int32_t i = 0; i < inputShape->GetDims(); ++i){
8       CUST_KERNEL_LOG_DEBUG(ctx, "dim[%d] size:%ld.", i, inputShape->GetDimSize(i));
9   }
10  DataType inputType = input->GetDataType();
11  auto inputData = input->GetData();
12  Tensor *output = ctx.Output(0);
13  auto outputShape = output->GetTensorShape();
14  auto outputData = output->GetData();
15  outputData[0] = inputData[0];
```

计算逻辑实现之前需要先进行合法性校验，一般包含如下几类。
- 对获取到的输入进行空指针校验，此校验必选。
- 对输入、输出个数进行校验。
- 对算子输入的内在逻辑进行校验。

例如，对于多输入算子，多个张量的 DataType 需要保持一致，此时需要校验多个输入的 DataType 是否一致。若多输入的内在逻辑要求已经在算子原型定义的 Verify 函数中进行实现，则 Compute 函数中的此校验可不再实现。

对 DataType 的校验。可根据算子的实际情况来选择是否进行 DataType 的校验，若某算子仅支持 A、B 两种数据类型，其他数据类型都不支持，此时可在实现算子计算逻辑前对 DataType 进行校验，判断 DataType 是否在支持的 DataType 列表中。

步骤 10：计算逻辑实现。完成入参校验后，根据算子输入支持的数据类型分别进行计算，伪代码如下，其中，OpCompute 函数为算子计算过程实现函数。

```
1   auto data_type = ctx.Input(i)->GetDataType();
2   switch(data_type){
3       case DT_FLOAT16:
4           return OpCompute<Eigen::half>(...);
5       case DT_FLOAT:
6           return OpCompute<float>(...);
7   ......
```

```
8        default:
9            return PARAM_INVAILD;
10    }
```

至此，算子开发编程完成。

6.4 模型部署与推理优化

6.4.1 模型迁移流程

本小节将介绍如何将其他平台训练好的模型迁移到昇腾硬件平台。

（1）制作数据集

收集待标记的 png、jpg、JPEG、bmp、webp 格式图像数据，这里推荐使用 jpg 格式，图像分辨率不高于 1080P，单幅图像不小于 1 MB，每个类别的图像有 100 幅左右。图像名称不支持字符点号（.），需放置在全英文路径下。

为模型迁移准备数据集，进行图像标注，在图 6-20 所示工具界面选择"分类模型"。

图 6-20　工具界面

（2）模型迁移

在工具界面单击"一键迁移"按钮，进入配置界面。输入以下迁移信息后单击"一键迁移"按钮,开始迁移。

数据集拆分:将图像划分成训练集、验证集和测试集,推荐拆分比例为 0.3,默认拆分 0.1 的测试集用于边缘推理。训练集与验证集按输入拆分比例再次进行拆分。

迭代次数:训练轮次,推荐值为 100。

每批图像数:参与每个批次训练的图像幅数,推荐值为 12。

输出目录:模型输出路径。

使用早停策略:勾选后,可根据设置的 acc 值(准确率,一般指在所有图像中,预测正确的概率得分)和持续迭代不上升次数,提前停止训练。

acc 达到(值):该训练模型精度已达标,可停止训练的阈值默认为 0.99。

acc 连续迭代不上升次数:acc 值达到某一水平,多次迭代后并无提升的次数,默认值为 10。

迁移完成后系统会出现提示框,提示已生成打包好的文件,在训练输出目录生成以下文件与目录。

- train_output:训练输出的权重文件、onnx 格式文件以及训练数据信息 JSON 格式文件。
- trans_output:经过数据转换,根据数据集拆分生成的测试集、验证集、训练集。
- edge_infer.tar:打包好的推理相关模型文件与脚本。

6.4.2 自动部署与模型调优

本小节下的接口用于 Profiling 采集性能数据,实现方式支持以下 3 种。

(1) Profiling pyACL API

Profiling pyACL API 实现将采集到的 Profiling 数据写入文件,并使用 Profiling 工具解析该文,展示性能分析数据。

这种实现方式包括以下两种接口调用方式。

① acl.prof.init 接口、acl.prof.start 接口、acl.prof.stop 接口、acl.prof.finalize 接口配合使用,实现该方式的性能数据采集。这种调用方式可获取 pyACL 的接口性能数据、AI Core 上算子的执行时间、AI Core 性能指标数据等。目前这些接口为进程级控制,表示在进程内任意线程调用该接口,其他线程都会生效。

一个进程内可以根据需求多次调用这些接口,基于不同的 Profiling 采集配置采集数据。

② 调用acl.init接口，在pyACL初始化阶段通过*.json文件传入要采集的Profiling数据。这种调用方式可获取pyACL的接口性能数据、AI Core上算子的执行时间、AI Core性能指标数据等。

一个进程内只能调用一次 acl.init 接口，如果要修改 Profiling 采集配置，需修改 *.json 文件中的配置。

（2）Profiling pyACL API 扩展接口

当需要定位应用程序或上层框架程序的性能瓶颈时，用户可在 Profiling 采集进程内（acl.prof.start 接口和 acl.prof.stop 接口之间）调用 Profiling pyACL API 扩展接口（统称为 msproftx 功能），开启记录应用程序在执行期间特定事件发生的时间跨度，并将数据写入 Profiling 数据文件，使用 Profiling 工具解析该文件，导出展示性能的分析数据。

Profiling 工具解析导出操作参见《性能分析工具使用指南》中的"Profiling 数据解析"和"Profiling 数据导出"。

一个进程内可以根据需求多次调用这些接口，调用方式见前文相关内容。

（3）Profiling pyACL API for Subscription

Profiling pyACL API for Subscription 实现将采集到的 Profiling 数据解析后写入管道，由用户读入内存，再由用户调用 pyACL 的接口获取性能数据。

接口调用方式：acl.prof.model_subscribe 接口、acl.prof.get*接口、acl.prof.model_un_subscribe 接口配合使用，实现这种方式的性能数据采集。当前支持获取网络模型中算子的性能数据，包括算子名称、算子类型名称和算子执行时间等。

6.5 功能辅助增强组件

6.5.1 模型预处理

昇腾模型压缩工具（Ascend model compression toolkit，AMCT）是一个针对昇腾芯片的深度学习模型压缩工具包，提供量化、张量分解等多种模型压缩特性，致力于帮助用户高效实现模型的小型化。

AMCT 实现了神经网络模型中数据与权重 8 bit 量化、模型部署优化（主要为归一化融合）的功能和张量分解。该工具包将量化和模型转换分开，实现对模型中可量化算子的独立量化，最终输出量化后的模型。其中，量化后的仿真模型可以在 CPU

或者 GPU 上运行，完成精度仿真；量化后的部署模型可以部署在昇腾 AI 处理器上运行，达到提升推理性能的目的。

（1）模型部署优化

模型部署优化主要为算子融合功能，指通过数学等价将模型中的多个算子运算融合为单算子运算，以减少实际前向过程中的运算量，如将卷积层和归一化层融合为一个卷积层。该功能在量化过程中实现，当前仅支持归一化（BatchNorm）融合。模型部署优化的原理如图 6-21 所示。

图 6-21　模型部署优化的原理

（2）张量分解

张量分解通过分解卷积核的张量，可以将一个大卷积核分解为两个小卷积核的连乘，即将卷积核分解为低秩的张量，从而降低存储空间和计算量，降低推理开销。张量分解的原理如图 6-22 所示。

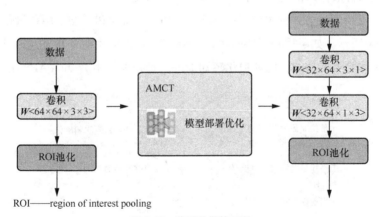

ROI——region of interest pooling

图 6-22　张量分解的原理

（3）量化

量化指对模型的权重和数据进行低比特处理，让最终生成的神经网络模型更加轻量化，从而达到节省存储空间、降低传输时延、提高计算效率、性能提升与优化的目标。AMCT 量化原理如图 6-23 所示。

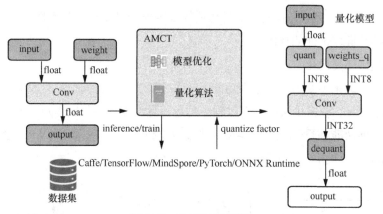

图 6-23　AMCT 量化原理

根据是否需要重训练，量化分为训练后量化和量化感知训练。

训练后量化（post-training quantization，PTQ）：模型训练结束后进行的量化，对训练好的模型进行权重和数据的量化，进而加速模型推理速度。

量化感知训练（quantization-aware training，QAT）：在量化过程中对模型进行训练的一种量化。QAT 会在训练过程中引入伪量化的操作（从浮点量化到定点，再还原到浮点的操作），用来模拟前向推理时由量化带来的误差，并借助训练让模型权重能更好地适应这种量化的信息损失，从而提升量化精度。

AMCT 支持两种方式的量化：命令行方式和 Python API 方式，两种量化方式的区别如图 6-24 所示。如果用户想快速体验 AMCT，可以使用命令行方式进行训练后量化，如果想体验更多功能，比如量化感知训练，则必须使用 Python API 方式实现。

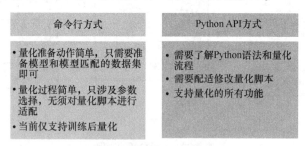

图 6-24　两种量化方式的区别

使用 AMCT 进行量化的简单流程如图 6-25 所示。这种方式需要先在符合版本要求的 Linux 服务器部署 AMCT，完成模型量化操作，输出可部署的量化模型；然后借助 ATC 工具转成适配昇腾 AI 处理器的 om 模型。之后，我们便可使用 om 模型，在昇腾 AI 处理器完成推理任务。

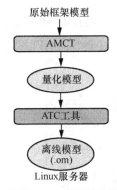

图 6-25　使用 AMCT 进行简单量化的流程

下面以 Caffe 框架编写 ResNet-50 模型为例,演示如何借助 AMCT 进行命令行方式的量化,具体过程如下。

① 通过昇腾社区获取 AMCT 软件包,并完成安装。

② 在任意路径执行 amct_caffe calibration --help 命令,若回显参数信息,则说明 AMCT 能正常使用。

③ 准备要进行量化的模型文件*.prototxt、权重文件*.caffemodel,以及与模型匹配的二进制数据集,将它们上传到 AMCT 所在的 Linux 服务器上。

④ 执行如下命令,进行训练后量化。

```
1  amtc_caffe calibration
   --model = ./mod/ResNet-50-deploy.prototxt
   --weight = ./mod/ResNet-50-model.caffemodel
   --save_path = ./results/ResNet-50
   --input_shape = "data:1,3,224,224"
   --data_dir = "./dataset"
   --data_types = "float32"
```

代码中各参数含义如下。

--model:原始神经网络模型文件路径与文件名。

--weight:原始神经网络模型权重文件路径与文件名。

--save_path:量化后模型的存储路径。

--input_shape:指定模型输入数据的形状。

--data_dir:二进制数据集路径。

--data_types:输入数据的类型。

⑤ 量化完成后,在"save_path"参数指定路径下可以查看量化后的模型。

⑥(后续处理)用户使用上述量化后的模型,借助 ATC 工具转成适配昇腾 AI 处

理器的 om 模型，然后在安装昇腾 AI 处理器的服务器完成推理业务。

下面简单展示 Caffe 框架下通过 Python API 接口方式实现量化的流程。训练后量化接口调用流程如图 6-26 所示。

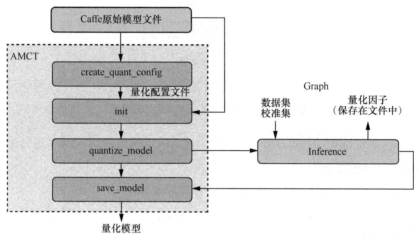

图 6-26 训练后量化接口调用流程

以Caffe框架为例，使用AMCT进行量化的具体过程如图6-27所示。我们先在AMCT内调用相关API执行初步量化，再基于训练数据集进行retrain（重训练），以优化量化后的模型表现。最后输出量化后的.om模型文件。

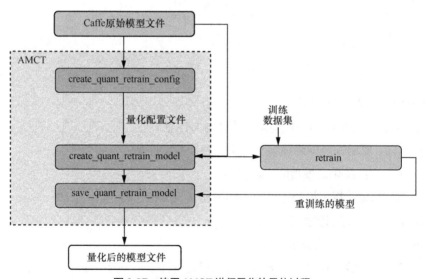

图 6-27 使用 AMCT 进行量化的具体过程

6.5.2 数据预处理

受网络结构和训练方式等因素的影响，绝大多数神经网络模型对输入数据有格式上的限制。在计算机视觉领域，这个限制体现在图像的尺寸、色域、归一化参数等。如果原图或视频的尺寸、格式等与神经网络模型的要求不一致时，则需要对它进行处理，以符合模型的要求，这一般称为数据预处理。

CANN 提供了两套专门用于数据预处理的方式：人工智能数据预处理（artificial intelligence pre-processing，AIPP）和 DVPP。

（1）AIPP

AIPP 在 AI Core 上完成数据预处理，主要功能包括改变图像尺寸（抠图、填充等）、色域转换（转换图像格式）、减均值/乘系数（改变图像像素）等。

AIPP 区分为静态 AIPP 和动态 AIPP，用户只能选择其中一种方式。CANN 不支持两种方式同时配置。

① 静态 AIPP：模型转换时设置 AIPP 模式为静态，同时设置 AIPP 参数。模型生成后，AIPP 参数值将被保存在离线模型（*.om）中。每次模型推理的过程都采用固定的 AIPP 参数，无法修改参数。

② 动态 AIPP：模型转换时仅设置 AIPP 模式为动态。用户可根据需求在执行模型前设置动态 AIPP 参数值，然后在模型执行时可使用不同的 AIPP 参数。

（2）DVPP

DVPP 是昇腾 AI 处理器内置的图像处理单元，通过 ACL 媒体数据处理接口提供强大的媒体处理硬加速能力，主要功能包括缩放、抠图、色域转换、图像编解码、视频编解码等。

综上所述，虽然都是数据预处理，但 AIPP 与 DVPP 的功能范围不同（比如 DVPP 可以做视频编/解码，AIPP 可以做归一化配置）；处理数据的计算单元也不同，AIPP 用的是 AI Core 计算加速单元，DVPP 使用的专门的图像处理单元。

AIPP、DVPP 可以分开独立使用，也可以组合使用。组合使用场景下，一般先使用 DVPP 对图像/视频进行解码、抠图、缩放等基本处理，但由于 DVPP 受硬件上的约束，DVPP 处理后的图像格式、分辨率有可能不满足模型的要求，因此还需要使用 AIPP 进行色域转换、抠图、填充等处理。

例如，在昇腾 310 AI 处理器，由于 DVPP 仅支持输出 YUV 格式的图像，如果模型需要 RGB 格式的图像，则需要再使用 AIPP 进行色域转换。

参考文献

[1] 华为技术有限公司. Atlas 200I DK A2 开发人员套件 23.0.RC2[EB/OL].（2023-11-09）[2023-12-31].

[2] 华为技术有限公司. CANN 7.0.0.alpha002 应用软件开发指南（Python）：pyACL API 参考[EB/OL].（2023-11-21）[2023-12-31].

[3] 华为技术有限公司. CANN 7.0.0.alpha001 ATC 工具使用指南：ATC 模型转换[EB/OL].（2023-11-21）[2023-12-31].

[4] 华为技术有限公司. CANN 7.0.0.alpha002 Ascend C 自定义算子开发指南：算子开发[EB/OL].（2023-11-21）[2023-12-31].

[5] CHEN T, MOREAU T, JIANG Z, et al. TVM: an automated end-to-end optimizing compiler for deep learning[DB/OL].（2018–10–05）[2023-12-31]. arXiv: arXiv.1802.04799v3.

第 7 章

实践案例

7.1 开发环境部署

本章主要用于指导用户安装 CANN 开发和运行环境。

7.1.1 实验软硬件准备

CANN 开发和运行环境安装流程如图 7-1 所示。开发环境主要用于代码开发、编译、调测等开发活动,有以下 2 种应用场景。

- 场景 1:在非昇腾 AI 设备上安装的开发环境仅能用于代码开发、编译等不依赖昇腾设备的开发活动,例如,ATC 模型转换、算子和推理应用程序的纯代码开发。

- 场景2：在昇腾 AI 设备上安装的开发环境支持代码开发和编译，同时可以运行应用程序或进行训练脚本的迁移、开发和调试。

运行环境：在昇腾 AI 设备上运行用户开发的应用程序或进行训练脚本的迁移、开发和调试。

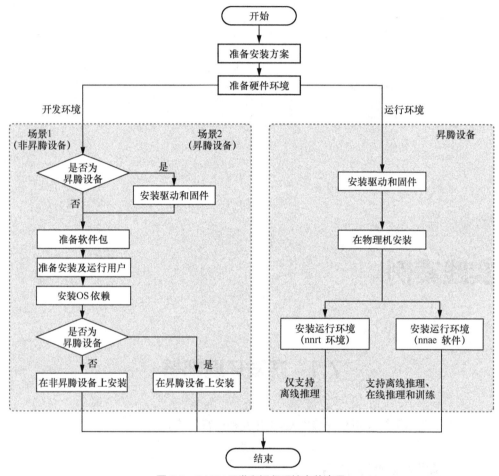

图 7-1　CANN 开发和运行环境安装流程

本书采用的安装方案是在非昇腾 AI 设备上安装开发环境，在昇腾设备 Atlas 200（Atlas 200 AI 加速模块）安装运行环境。

Atlas 200 以昇腾 310 处理器 PCIe 的工作模式进行区分，如果 PCIe 工作在从模式，则称为终点（end point，EP）模式；如果 PCIe 工作在主模式，可以扩展外设，则称为 RC（root complex）模式。本书以 EP 模式为例进行介绍。

7.1.2 开发环境部署流程

1. 准备软件包

在软件安装前,请参考表 7-1 获取对应的 CANN 软件包和数字签名文件,各软件包版本号需要保持一致。表 7-1 中的 {version} 表示软件版本号,{arch} 表示 CPU 架构。

表 7-1 CANN 软件包说明

名称	软件包	说明
开发套件包	Ascend-cann-toolkit_{version}_linux-{arch}.run	主要用于用户开发应用、自定义算子和模型转换。开发套件包包含开发应用程序所需的库文件、开发辅助工具,如 ATC 模型转换工具。 请根据 CPU 架构(x86-64、AArch64)获取对应的软件包。 对于运行环境为 AArch64 而开发环境为 X86-64 的场景,需同时获取两种架构的开发套件包
框架插件包	Ascend-cann-tfplugin_{version}_linux-{arch}.run	(可选)插件包,对接上层框架 TensorFlow 的适配插件。在线推理或训练场景下若使用深度学习框架 TensorFlow,则需要获取该软件包

2. 准备安装用户和运行用户

运行用户:实际运行推理业务或执行训练的用户。

安装用户:实际安装软件包的用户。若使用 root 用户安装,则 CANN 支持所有用户运行相关业务。若使用非 root 用户安装,则安装用户和运行用户必须相同。已有非 root 用户,则不需要再次创建。若想使用新的非 root 用户,则需要先创建该用户。

创建非 root 用户操作方法如下,请以 root 用户执行这些命令。

① 创建非 root 用户:

```
groupadd usergroup
useradd -g usergroup -d /home/username -m username -s /bin/bash
```

② 设置非 root 用户密码:

```
passwd username
```

3. 安装依赖

本节以 Ubuntu 18.04 为例,详述依赖安装操作。Ubuntu 18.04 依赖信息如表 7-2 所示。

表 7-2 Ubuntu 18.04 依赖信息

名称	版本要求
Python	CANN 支持 Python 3.7.x（3.7.0～3.7.11）、Python 3.8.x（3.8.0～3.8.11）、Python 3.9.x（3.9.0～3.9.7）。 TensorFlow 1.15 支持 Python 3.7.x（3.7.0～3.7.11），TensorFlow 2.6.5 和 PyTorch 框架支持 Python 3.7.x（3.7.5～3.7.11）、Python 3.8.x（3.8.0～3.8.11）、Python 3.9.x（3.9.0～3.9.2）
cmake	不低于 3.5.1 版本
make	—
gcc	离线推理场景
g++	要求 4.8.5 版本及以上 GCC 在线推理、训练、Ascend Graph 开发场景要求 7.3.0 版本及以上 GCC。若 GCC 版本低于 7.3.0，可参考安装 7.3.0 版本 GCC 进行安装
zlib1g zlib1g-dev libsqlite3-dev	无版本要求，安装的版本以操作系统自带的源为准
openssl libssl-dev libffi-dev unzip pciutils net-tools libblas-dev gfortran libblas3	无版本要求，安装的版本以操作系统自带的源为准
numpy	不低于 1.14.3 版本
decorator	不低于 4.4.0 版本
sympy	不低于 1.4 版本
cffi	不低于 1.12.3 版本
protobuf	不低于 3.11.3 版本
attrs pyyaml pathlib2 scipy requests psutil absl-py	无版本要求，安装的版本以 pip 源为准

（1）检察源可用性

安装过程需要下载相关依赖，请确保安装环境能够连接网络。请在 root 用户下执行如下命令，检查源是否可用。

```
apt-get update
```

如果命令执行报错或者后续安装依赖时等待时间过长，则检查网络是否连接，或者把"/etc/apt/sources.list"文件中的源更换为可用的源或镜像源。

（2）检查 root 用户的 umask

① 以 root 用户登录安装环境。

② 检查 root 用户的 umask 值，命令如下。

```
Umask
```

如果 umask 值不等于 0022。在任意目录下执行如下命令，打开.bashrc 文件。

```
vi ~/.bashrc
```

在文件最后一行后面添加"umask 0022"，执行:wq!命令保存文件并退出。之后，执行 source ~/.bashrc 命令，使其立即生效。

说明：依赖安装完成后，请用户恢复为原 umask 值（删除.bashrc 文件中"umask 0022"）。出于安全考虑，建议用户将 umask 值改为 0027。

（3）配置安装用户权限

使用 root 或非 root 用户（该非 root 用户需与软件包安装用户保持一致）安装依赖。如果使用非 root 用户安装，则可能需要用到提权命令，请读者自行获取所需的 sudo 权限。使用完成后请取消涉及高危命令的权限，否则有 sudo 提权风险。

（4）安装依赖

检查系统是否安装 Python 依赖及 GCC 等软件，使用命令如下。

```
gcc --version
g++ --version
make --version
cmake --version
dpkg -l zlib1g| grep zlib1g| grep ii
dpkg -l zlib1g-dev| grep zlib1g-dev| grep ii
dpkg -l libsqlite3-dev| grep libsqlite3-dev| grep ii
dpkg -l openssl| grep openssl| grep ii
dpkg -l libssl-dev| grep libssl-dev| grep ii
dpkg -l libffi-dev| grep libffi-dev| grep ii
dpkg -l unzip| grep unzip| grep ii
dpkg -l pciutils| grep pciutils| grep ii
dpkg -l net-tools| grep net-tools| grep ii
dpkg -l libblas-dev| grep libblas-dev| grep ii
dpkg -l gfortran| grep gfortran| grep ii
dpkg -l libblas3| grep libblas3| grep ii
```

若分别返回如下信息,则说明已经安装,进入下一步。说明:以下回显内容仅为示例,版本要求请以依赖列表为准。

```
gcc (Ubuntu 7.3.0-3ubuntu1~18.04) 7.3.0
g++ (Ubuntu 7.3.0-3ubuntu1~18.04) 7.3.0
GNU Make 4.1
cmake version 3.10.2
zlib1g:arm64       1:1.2.11.dfsg-0ubuntu2 arm64    compression library - runtime
zlib1g-dev:arm64 1:1.2.11.dfsg-0ubuntu2 arm64    compression library - development
libsqlite3-dev:arm64 3.22.0-1ubuntu0.3 arm64      SQLite 3 development files
openssl    1.1.1-1ubuntu2.1~18.04.6 arm64      Secure Sockets Layer toolkit - cryptographic utility
libssl-dev:arm64 1.1.1-1ubuntu2.1~18.04.6 arm64       Secure Sockets Layer toolkit - development files
libffi-dev:arm64 3.2.1-8        arm64          Foreign Function Interface library (development files)
unzip          6.0-21ubuntu1 arm64         De-archiver for .zip files
pciutils       1:3.5.2-1ubuntu1 arm64          Linux PCI Utilities
net-tools      1.60+git20161116.90da8a0-1ubuntu1 arm64       NET-3 networking toolkit
libblas-dev:arm64 3.7.1-4ubuntu1 arm64       Basic Linear Algebra Subroutines 3, static library
gfortran       4:7.4.0-1ubuntu2.3 arm64          GNU Fortran 95 compiler
libblas3:arm64 3.7.1-4ubuntu1 arm64       Basic Linear Algebra Reference implementations, shared library
```

否则,请执行如下安装命令。说明:如果使用 root 用户安装依赖,请将命令中的 sudo 删除。

```
sudo apt-get install -y gcc g++ make cmake zlib1g zlib1g-dev openssl libsqlite3-dev libssl-dev libffi-dev unzip pciutils net-tools libblas-dev gfortran libblas3
```

检查系统是否安装满足版本要求的 Python 开发环境,具体要求请参见表 7-1 所示,此步骤以环境上需要使用的 Python 3.7.x 为例进行说明。执行命令 Python3 --version,如果返回信息满足 Python 版本要求,则直接进入下一步,否则请安装对应版本的 Python。

安装前请先使用 pip3 list 命令检查是否安装相关依赖,若已经安装,则请跳过该步骤;若未安装,则执行如下安装命令。如果只有部分软件未安装,则如下命令可修改为只安装还未安装的软件。说明:请在安装前配置好 pip 源。安装前,建议执行 pip3 install --upgrade pip 命令进行升级,避免因 pip 版本过低导致安装失败。该命令如果使用非 root 用户安装,则需要在安装命令后加上 --user,例如:pip3 install attrs --user。安装命令可在任意路径下执行。

```
pip3 install attrs
pip3 install numpy
pip3 install decorator
pip3 install sympy
pip3 install cffi
pip3 install pyyaml
pip3 install pathlib2
pip3 install psutil
pip3 install protobuf
pip3 install scipy
pip3 install requests
pip3 install absl-py
```

说明：依赖安装完成后，请用户恢复为原 umask 值。出于安全考虑，建议将 umask 值修改为 0027。

4．安装开发套件包

在非昇腾设备上安装开发套件包的流程如下。

① 以软件包的安装用户登录安装环境。

② 将获取到的开发套件包上传到安装环境任意路径（如"/home/package"）。

③ 进入软件包所在路径。

④ 增加对软件包的可执行权限，命令如下。

```
chmod +x 软件包名.run
```

其中，软件包名.run 表示开发套件包 Ascend-cann-toolkit_{version}_linux-{arch}.run，请根据实际包名进行替换。

⑤ 执行如下命令，校验软件包安装文件的一致性和完整性。

```
./软件包名.run -check
```

⑥ 执行如下命令安装软件。

```
./软件包名.run -install
```

说明：如果以 root 用户安装，则软件包不允许安装在非 root 用户目录下。如果用户未指定安装路径，则软件包安装到默认路径下。默认安装路径如下：root 用户为 "/usr/local/Ascend"；非 root 用户为 "${HOME}/Ascend"，其中，${HOME}表示当前用户目录。

软件包安装详细日志路径如下。root 用户为 "/var/log/ascend_seclog/ascend_toolkit_install.log"；非 root 用户为 "${HOME}/ var/log/ascend_seclog/ascend_toolkit_install.log"，其中，${HOME}为当前用户目录。

安装完成后，若显示如下信息，则说明软件安装成功，其中的 xxx 表示安装的实际软件包名。

```
xxx install success
```

5．配置环境变量

CANN 提供进程级环境变量设置脚本，供用户在进程中引用，以自动完成环境变量设置。用户进程结束后，相关配置会自动失效。以 root 用户默认安装路径为例，具体命令如下。

```
# 安装 toolkit 包时配置
source /usr/local/Ascend/ascend-toolkit/set_env.sh
# 其中<arch>请替换为实际架构
export LD_LIBRARY_PATH=/usr/local/Ascend/ascend-toolkit/latest/<arch>-linux/devlib/:$LD_LIBRARY_PATH
```

用户也可以通过修改 ~/.bashrc 文件方式设置永久环境变量，具体操作如下。

首先，以运行用户在任意目录下执行 vi ~/.bashrc 命令，打开 .bashrc 文件，在文件最后一行后面添加上述代码。

然后，执行 :wq! 命令保存文件并退出。

最后，执行 source ~/.bashrc 命令使其立即生效。

6．配置交叉编译环境

若开发环境和运行环境上的操作系统架构不同，则需在开发环境中使用交叉编译工具，并使用运行环境架构的库文件进行编译，这样编译出来的可执行文件，才可以在运行环境中执行。安装交叉编译工具如表 7-3 所示。

表 7-3　安装交叉编译工具

开发环境架构	运行环境架构	编译环境配置
x86-64	AArch64	请使用软件包的安装用户，在开发环境执行 aarch64-linux-gnu-g++ --version 命令，检查是否安装 g++ 交叉编译工具，若已经安装则可以忽略。 安装命令示例如下： sudo apt-get install g++-aarch64-linux-gnu

7.1.3　运行环境部署流程

本小节以 Atlas 200 AI 加速模块 6.0.0 NPU 驱动和固件安装（EP 模式）为例，介绍运行环境的部署流程。

1．安装驱动

在安装驱动前，需要先确认安装方式。驱动确认安装方式流程如图 7-2 所示。

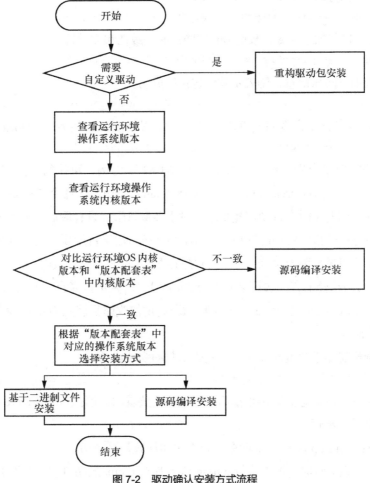

图 7-2　驱动确认安装方式流程

下面介绍宿主机上基于二进制文件安装驱动的方法，以 {product name}-npu-driver_x.x.x_linux-{arch}.run 包为例，具体以读者主机实际操作系统对应驱动包为准。驱动安装步骤如下。

步骤 1：将准备的软件包上传至 Linux 系统任意目录下（如 "/opt"）。

步骤 2：使用 PuTTY 登录服务器的操作系统命令行。

步骤 3：执行如下命令，切换至 root 用户。
```
su -root
```
步骤 4：执行如下命令，进入软件包所在路径（如"/opt"）。
```
cd /opt
```
步骤 5：执行如下命令，增加软件包的可执行权限。
```
chmod +x {product name}-npu-driver_x.x.x_linux-{arch}.run
```
步骤 6：执行如下命令，校验 run 安装包的一致性和完整性。
```
./{product name}-npu-driver_x.x.x_linux-{arch}.run -check
```
若出现如下回显信息，则表示软件包校验成功。
```
Verifying archive integrity... 100%   SHA256 checksums are OK. All good.
```
步骤 7：执行如下命令完成驱动安装，软件包默认安装路径为"/usr/local/Ascend"。
```
./{product name}-npu-driver_x.x.x_linux-{arch}.run -full
```

若用户需要指定安装路径，如以"/test/HiAI/"为例，可执行 ./{product name}-npu-driver_x.x.x_linux-{arch}.run --full --install-path=/test/HiAI/ 命令完成安装。若指定路径不存在，则安装时会自动创建目录，对于多层目录，只有最后一层目录不存在时才会自动创建。若指定路径已存在，且该路径下所有层级目录属主为 root 用户，则请确保所有层级目录权限至少为 755。若不满足要求，请修改路径权限，命令为：chmod 755 路径。若该路径下有一层目录属主为非 root 用户，则请读者自行修改为 root 属主，并确保所有层级目录权限为 755。若不满足要求，请修改路径属主为 root，命令为 chown root:群组名 路径。

若系统出现如下关键回显信息，则表示驱动安装成功。
```
Driver package installed successfully!
```

根据系统提示信息决定是否重启系统，若需要重启，请执行之后的 reboot 命令；否则，请跳过此步骤。

步骤 8：执行 npu-smi info 命令，查看驱动加载是否成功。

说明：加载失败时，可以执行 dmesg 命令查看 Linux 启动日志。如果出现"/安装路径/driver/device/davinci_mini.fd copy err"信息，请卸载驱动，并使用默认路径重新进行驱动安装。在回显信息中，"npu-smi"后面的字段为 npu-smi 工具版本号；"Version:"后面的字段为驱动版本号。

2．安装固件

此处以{product name}-npu-firmware_x.x.x.run 为例，介绍宿主机上.run 格式固件

包的安装方法。首次安装请按照驱动→固件的顺序，覆盖安装或升级请按照固件→驱动的顺序，分别安装软件包。固件安装步骤如下。

步骤1：将准备的软件包上传至 Linux 操作系统任意目录下（如"/opt"）。

步骤2：使用 PuTTY 登录服务器的操作系统命令行。

步骤3：执行如下命令，切换至 root 用户。

```
su -root
```

步骤4：执行如下命令，进入软件包所在路径（如"/opt"）。

```
cd /opt
```

步骤5：执行如下命令，增加软件包的可执行权限。

```
chmod +x {product name}-npu-firmware_x.x.x.run
```

步骤6：执行如下命令，校验 run 安装包的一致性和完整性。

```
./{product name}-npu-firmware_x.x.x.run -check
```

若出现如下回显信息，表示软件包校验成功。

```
Verifying archive integrity... 100%   SHA256 checksums are OK. All good.
```

步骤7：执行如下安装命令完成安装。

```
./{product name}-npu-firmware_x.x.x.run -full
```

若系统出现如下关键回显信息，则表示固件安装成功。

```
Firmware package installed successfully!
```

根据系统提示信息决定是否立即重启系统，若需要重启，请执行以下命令；否则，请跳过此步骤。

```
Reboot
```

步骤8：执行如下命令查看芯片固件版本号。若与目标版本一致，则说明安装成功。

```
/usr/local/Ascend/driver/tools/upgrade-tool --device_index -1 --component -1
 -version
```

说明：如果安装驱动时指定安装路径，则命令中的"/usr/local/Ascend"请读者根据实际情况进行替换。

3．安装运行环境

这里以 nnrt 软件在物理机安装为例，介绍运行环境的安装。

（1）准备软件包

根据表 7-4 获取所需的软件包，其中，{version}表示软件版本号，{arch}表示 CPU 架构。

表 7-4 软件包说明

软件包类型	软件包名称	说明
离线推理引擎包	Ascend-cann-nnrt_{version}_linux-{arch}.run	仅支持离线推理，主要包含 ACL 库、编译依赖的相关库（不包含驱动包中的库），用于应用程序的模型推理

（2）准备安装用户和运行用户

这部分与 7.1.2 小节相关内容完全一致，请参照前文完成安装及运行用户的准备。

（3）安装离线推理引擎包

获取并安装离线推理引擎包，详细的安装步骤如下。

步骤 1：以软件包的安装用户登录安装环境。

步骤 2：将获取到的开发套件包上传到安装环境任意路径（如"/home/package"）。

步骤 3：进入软件包所在路径。

步骤 4：增加对软件包的可执行权限。

```
chmod +x 软件包名.run
```

其中，软件包名.run 表示软件包实际名称，例如离线推理引擎包 Ascend-cann-nnrt_{version}_linux-{arch}.run，请根据实际包名进行替换。

步骤 5：执行如下命令校验软件包安装文件的一致性和完整性。

```
./软件包名.run -check
```

步骤 6：执行如下命令安装软件。

```
./软件包名.run -install
```

说明：离线推理引擎包支持不同用户在同一运行环境安装，但安装版本必须保持一致，不同用户所属的属组也必须和驱动运行用户所属属组相同。如果不同，请用户自行添加到驱动运行用户属组。

如果以 root 用户安装，则离线推理引擎包不允许安装在非 root 用户目录下。如果用户未指定安装路径，则离线推理引擎包会安装到默认路径下，默认安装路径如下。

root 用户："/usr/local/Ascend"。

非 root 用户："${HOME}/Ascend"，其中，${HOME} 表示当前用户目录。

软件包安装详细日志路径如下。

root 用户："/var/log/ascend_seclog/ascend_nnrt_install.log"。

非 root 用户："${HOME}/var/log/ascend_seclog/ascend_nnrt_install.log"，其中，${HOME} 表示当前用户目录。

安装完成后，若显示如下信息，则说明软件安装成功，其中，xxx 表示安装的实际软件包名。

```
xxx install success
```

（4）配置环境变量

nnrt 等软件提供进程级环境变量设置脚本，供用户在进程中引用，以自动完成环境变量设置，进程结束后自动失效。以 root 用户默认安装路径为例，命令如下。

```
# 安装 nnrt 包时配置
. /usr/local/Ascend/nnrt/set_env.sh
```

7.1.4 模型训练流程

本小节介绍如何基于迁移好的 TensorFlow 2.6.5 训练脚本，在单设备上执行训练。如果没有进行模型迁移，读者可以从 Gitee 网站获取已经迁移适配好的训练脚本，直接体验训练过程。

1．前提条件

模型训练需满足以下条件。

条件 1：根据环境准备相关内容，已准备好包含 1 个可用昇腾 AI 处理器的基础软、硬件环境。

条件 2：已准备完成迁移的 TensorFlow 训练脚本和对应数据集。

条件 3：如果训练脚本中使用了华为集合通信库（Huawei collective communication library，HCCL）集合通信接口，则执行训练前需要配置设备资源信息，这可以通过配置文件（ranktable 文件）或者环境变量的方式实现。由于是单设备训练，因此仅配置当前一个设备资源即可，之后启动训练进程。本小节不对此场景的执行步骤展开介绍。

需要注意，此种场景下，若通过 ranktable 文件方式配置设备资源信息，则分布式环境变量"RANK_ID"固定配置为"0"，"RANK_SIZE"固定配置为"1"。

2．在单设备上执行训练

配置启动训练进程依赖的环境变量。除此之外，还需要进行如下配置。

```
# 请依据实际在下列场景中选择一个进行训练依赖包安装路径的环境变量设置。具体如下（以
# HwHiAiUser 安装用户为例）：
# 场景 1：昇腾设备安装部署开发套件包 Ascend-cann-toolkit（此时开发环境可进行训练任务）
```

```
. /home/HwHiAiUser/Ascend/ascend-toolkit/set_env.sh
# 场景2：昇腾设备安装部署软件包 Ascend-cann-nnae
. /home/HwHiAiUser/Ascend/nnae/set_env.sh

# tfplugin 包依赖
. /home/HwHiAiUser/Ascend/tfplugin/set_env.sh

# 若运行环境中存在多个 python3 版本时，需要在环境变量中配置 python 的安装路径。如下配置以安
# 装 python3.7.5 为例，可根据实际修改
export PATH = /usr/local/python3.7.5/bin:$PATH
export LD_LIBRARY_PATH = /usr/local/python3.7.5/lib:$LD_LIBRARY_PATH

# 添加当前脚本所在路径到 PYTHONPATH，例如
export PYTHONPATH = "$PYTHONPATH:/root/models"

export JOB_ID = 10086
# 训练任务 ID，用户自定义，仅支持大小写字母、数字、中划线、下划线。不建议使用以 0 开始的纯数字
export ASCEND_DEVICE_ID = 0
# 指定昇腾 AI 处理器的逻辑 ID，单卡训练也可不配置，默认为 0，在 0 卡执行训练
```

（可选）为了后续方便定位问题，执行训练脚本前，用户也可以通过环境变量使能 dump 计算图，具体如下。

```
export DUMP_GE_GRAPH = 2
# 1：全量 dump；2：不含有权重等数据的基本版 dump；3：只显示节点关系的精简版 dump
export DUMP_GRAPH_PATH = /home/dumpgraph
# 默认 dump 图生成在脚本执行目录，可以通过该环境变量指定 dump 路径
```

训练任务启动后，系统会在 DUMP_GRAPH_PATH 指定的路径下生成若干 dump 图文件，包括".pbtxt"和".txt"dump 文件。由于 dump 的数据文件较多且较大，若非问题定位需要，这里可以不生成 dump 图。

执行训练脚本执行训练进程，例如，执行训练脚本 xxx.py 的命令为 python3/home/xxx.py。

3．检查执行结果

检查训练过程是否正常，loss 是否收敛。这里的 loss 是指训练模型时用于优化目标的损失函数，常见的损失函数有交叉熵损失（cross-entropy loss）和均方误差（mean squared error，MSE）。

训练结束后，系统一般会生成以下目录和文件。

① 生成 model 目录：存储 checkpoint 文件和模型文件。是否生成该目录和脚本实现有关，若训练脚本中使用了 saver = tf.train.Saver( )语句和 saver.save( )语句保存模

型，则会生成 model.ckpt-* 等模型权重相关文件。这里的 saver = tf.train.Saver()语句可创建 Saver 对象，用于保存和恢复模型参数；saver.save(sess, '/path/to/model.ckpt')可保存模型到指定路径。

② 在脚本执行目录下生成 kernel_meta 文件：用于存储算子的.o 文件及.json 文件，可用于后续的问题定位。默认目录下不会保存.o 和.json 文件，可以修改训练脚本，将运行参数 op_debug_level 设置为 3，从而保存.o 和.json 文件。

4．问题定位

如果运行失败，读者通过日志分析并定位问题。

主机侧日志路径：$HOME/ascend/log/run/plog/plog-pid_*.log，$HOME 为主机侧用户根目录。

设备侧日志路径：$HOME/ascend/log/run/device-id/device-pid_*.log

日志的格式如下。

[Level]ModuleName（PID, PName）:DateTimeMS [FileName: LineNumber]LogContent

一般通过 ERROR 级别的日志识别问题产生模块，根据具体日志内容判定问题产生原因。常见问题的定位思路如表 7-5 所示。

表 7-5 常见问题的定位思路

模块名（ModuleName）	问题产生原因	解决思路
系统类报错	环境与版本配套错误	系统类报错，优先排查版本配套与系统安装是否正确
GE	GE 图编译或校验问题	校验类报错，系统通常会给出明确的错误原因，此时需要有针对性地修改网络脚本，以满足相关要求
Runtime	环境异常导致初始化问题或图执行问题	对于初始化异常，优先排查当前运行环境配置是否正确，当前环境是否有他人抢占

7.1.5 模型推理流程

本小节主要介绍如何基于现有模型，使用 pyACL 提供的 Pyhton 语言 API 库完成深度神经网络应用的模型推理。模型推理的基本场景主要分为模型加载和模型执行两部分。

1．模型加载

开发应用时，如果涉及整个神经网络（简称整网模型）推理，则应用程序中必须包含模型加载的代码逻辑。针对整网模型的加载，pyACL 提供两套模型加载接口流程。

（1）使用不同模型加载接口的模型加载流程如图 7-3 所示。根据不同的加载方式（从文件加载、从内存加载等）选择不同的接口，操作相对简单，但需要记住各种方式的加载接口。

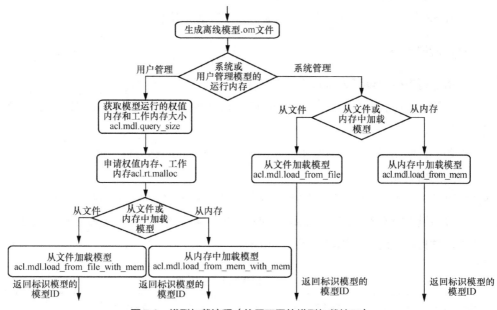

图 7-3　模型加载流程（使用不同的模型加载接口）

（2）使用同一个模型加载接口的模型加载流程如图 7-4 所示。针对不同的加载方式（从文件加载、从内存加载等），只需设置接口中的配置参数。此流程适用各种加载方式，但涉及多个接口配合使用，分别用于创建配置对象、设置对象中的属性值、加载模型。

下面对模型加载流程中的关键接口进行说明。在模型加载前，需要先构建适配昇腾 AI 处理器的离线模型（*.om 文件）。当由用户管理内存时，为确保内存不浪费，在申请工作内存、权值内存前，需要先调用 acl.mdl.query_size 接口查询模型运行时所需的工作内存和权值内存的大小。如果模型输入数据的形状不确定，则不能调用 acl.mdl.query_size 接口查询内存大小，在加载模型时也就无法由用户管理内存，因此需选择由系统管理内存的模型加载接口（如 acl.mdl.load_from_file、acl.mdl.load_from_mem）。

（3）支持以下方式加载模型，模型加载成功后，返回标识模型的模型 ID。

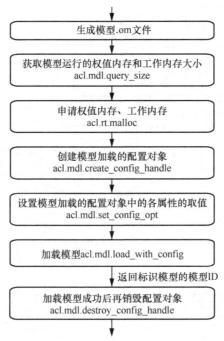

图 7-4　模型加载流程（使用同一个模型加载接口）

方法 1：从使用的接口上区分是从文件加载，还是从内存加载，以及内存是由系统内部管理，还是由用户管理。

- acl.mdl.load_from_file：从文件加载离线模型数据，由系统内部管理内存。
- acl.mdl.load_from_mem：从内存加载离线模型数据，由系统内部管理内存。
- acl.mdl.load_from_file_with_mem：从文件加载离线模型数据，由用户自行管理模型运行的内存，其中包括工作内存和权值内存。工作内存用于模型执行过程中的临时数据，权值内存用于存储权值数据。
- acl.mdl.load_from_mem_with_mem：从内存加载离线模型数据，由用户自行管理模型运行的内存，其中包括工作内存和权值内存。

方法 2：使用 acl.mdl.set_config_opt 接口、acl.mdl.load_with_config 接口时，通过配置对象中的属性来区分加载模型时是从文件加载还是从内存加载，以及内存是由系统内部管理还是由用户管理。

2．模型执行

模型执行的流程如图 7-5 所示，具体步骤如下。

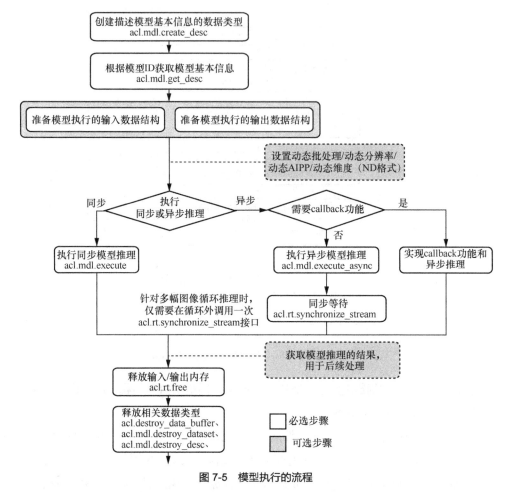

图 7-5 模型执行的流程

步骤 1：调用 acl.mdl.create_desc 接口，创建描述模型基本信息的数据类型。

步骤 2：调用 acl.mdl.get_desc 接口，根据接口调用流程中返回的模型 ID 获取模型基本信息。

步骤 3：准备模型执行的输入、输出数据结构。

步骤 4：执行模型推理。对于固定 batch 值的多批量处理场景，只有满足 batch 值，才能将输入数据发送给模型进行推理。不满足 batch 值时，用户需根据自己的实际场景进行处理。模型推理包括同步推理和异步推理。

执行同步推理时调用 acl.mdl.execute 接口。

执行异步推理时调用 acl.mdl.execute_async 接口。对于异步推理接口，执行时还需调用 acl.rt.synchronize_stream 接口阻塞应用程序运行，直至指定流中的所有任务都完成。

步骤 5：获取模型推理的结果，用于后续处理。对于同步推理，直接获取模型推理的输出数据即可。对于异步推理，在实现 callback 功能时，在回调函数内获取模型推理的结果，供后续使用。

步骤 6：释放内存。调用 acl.rt.free 接口，释放设备上的内存。

步骤 7：释放相关数据类型的数据。在模型推理结束后，需及时依次调用 acl.destroy_data_buffer 接口和 acl.mdl.destroy_dataset 接口，释放描述模型输入的数据。如果存在多个输入、输出，则需多次调用 acl.destroy_data_buffer 接口。

下面对模型执行流程中的"准备模型执行的输入、输出数据结构"进行详细介绍。pyACL 提供了以下数据类型来描述模型、模型输入、模型输出，以及存储数据的内存。在模型执行前，需要先构造好这些数据类型，作为模型执行的输入。

① 使用 aclmdlDesc 类型的数据描述模型基本信息,例如输入/输出的个数、名称、数据类型、格式、维度信息等。

模型加载成功后，用户可根据模型 ID 调用 acl.mdl.get_desc 接口，获取该模型的描述信息，进而从模型的描述信息中获取模型输入/输出的个数、内存大小、维度、格式、数据类型等信息，可参见 aclmdlDesc 类型下的操作接口。

② 使用 aclmdlDataset 类型的数据描述模型的输入/输出数据，模型可能存在多个输入、多个输出。调用 aclmdlDataset 类型下的操作接口添加 aclDataBuffer 类型的数据、获取 aclDataBuffer 的个数等。

③ 每个输入/输出的内存地址和内存大小用 aclDataBuffer 类型的数据来描述。调用 aclDataBuffer 类型下的操作接口获取内存地址、内存大小，其中，aclmdlDataset 类型与 aclDataBuffer 类型的关系如图 7-6 所示。

图 7-6　aclmdlDataset 类型与 aclDataBuffer 类型的关系

了解相关的数据类型后，下面可以使用这些数据类型的操作接口准备模型的输入、输出数据结构。模型执行的输入/输出数据结构的准备流程如图 7-7 所示，具体步骤如下。

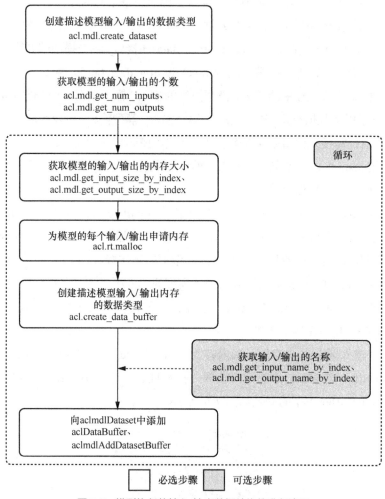

图 7-7　模型执行的输入/输出数据结构的准备流程

步骤 1：调用 acl.mdl.create_dataset 接口创建描述模型输入/输出的数据类型。

步骤 2：当模型存在多个输入、输出时，可调用 acl.mdl.get_num_inputs 和 acl.mdl.get_num_outputs 接口获取输入、输出的个数。

步骤 3：调用 acl.mdl.get_input_size_by_index 和 acl.mdl.get_output_size_by_index 接口获取模型每个输入、输出所需的内存大小。如果模型的输入涉及动态批处理、动态分辨率、动态维度（ND 格式）等特性，虽然输入张量数据的形状支持多种档位，但在模型执行前才能确定，因此对于该输入所需的内存大小，建议读者调用 acl.mdl.get_input_size_by_index 接口获取。该接口获取的是最大档位的内存，可确保内存够用。

步骤 4：调用 acl.rt.malloc 接口为模型的每个输入/输出申请内存。

步骤 5：调用 acl.create_data_buffer 接口创建描述模型输入/输出内存的数据类型。

步骤 6：若模型存在多个输入、输出，则读者在向 aclmdlDataset 中添加 aclDataBuffer 时，为避免顺序出错，可以先调用 acl.mdl.get_input_name_by_index 和 acl.mdl.get_output_name_by_index 接口获取输入、输出的名称，根据输入、输出名称所对应的 index 的顺序添加，然后调用 acl.mdl.add_dataset_buffer 接口完成 aclDataBuffer 的添加。

7.2 基础模型开发实例

7.2.1 图像分类应用实例：C++/Python 实现

1．GoogLeNet Incepetion 网络结构分析

GoogLeNet 是 2014 年 Christian Szegedy 提出的一种全新的深度学习结构，在这之前的 AlexNet、VGG（visual geometry group）等卷积神经网络架构是通过增大网络的深度（层数）来获得更好的训练效果，但层数的增加会带来很多副作用，比如过拟合、梯度消失、梯度爆炸等。GoogLeNet 是一种深度卷积神经网络（deep convolutional neural network，DCNN），是 Inception 模块的首次应用。Inception 模块通过设计不同尺寸的卷积核和池化层，有效增加了网络的宽度和深度，提高了模型的表现力和性能。

Inception 模块的核心思想是并行计算。在一个 Inception 模块中，输入会通过多个分支进行处理，每个分支包含不同数量的卷积层或池化层。这些分支的输出会在通道维度上被合并，形成一个更大的特征图，然后传递到下一个模块或层级。这种设计允许网络在不同的尺度上捕捉图像的特征，从而提高了对复杂图像的理解能力。

Inception 模块中一个重要的组成部分是 1×1 卷积，这种卷积操作虽然看起来简单，但实际上非常有效。1×1 卷积可以在不增加空间维度的情况下，增加网络的深度和参数数量，从而增加模型的表示能力。同时，1×1 卷积还有助于减少计算量和参数

数量，使网络更加高效。

Inception 模块通过并行使用不同尺寸的卷积核（例如 1×1、3×3、5×5）和池化层（通常是 3×3 的最大池化），可以在不同的尺度上捕捉图像的特征。较小的卷积核可以捕捉到细粒度的细节，而较大的卷积核可以捕捉到更广泛的上下文信息。池化层有助于降低特征的空间维度，使特征更加抽象和稳健。

GoogLeNet 的网络结构通常包含输入层、全局平均池化层和分类层 3 个部分。

（1）输入层：接收原始图像数据。
- 第一个 Inception 模块：包含 7×7 卷积和池化层，用于提取初步的特征。
- 其余 Inception 模块：每个模块都包含多个分支，用于提取不同尺度的特征。这些模块在网络中多次被重复使用。

（2）全局平均池化层：将特征图的空间维度压缩为 1，为分类层提供输入。

（3）分类层：通常是一个或多个全连接层，用于最终的分类任务。在 GoogLeNet 中，全局平均池化层代替了传统的全连接层，以减少参数量并加快训练速度。

GoogLeNet 的主要优点是拥有高效的特征提取能力和相对较少的参数数量。通过 Inception 模块，GoogLeNet 能够在保持模型性能的同时，减少计算量和参数数量，这使得它在资源受限的环境下也能有很好的表现。GoogLeNet 采用了模块化的结构，方便用户增添和修改。为了避免梯度消失，网络额外增加了 2 个辅助的 Softmax 函数，用于向前传导梯度。网络采用全局平均池化层来代替全连接层，事实证明这种方式可以将最大准确度提高 0.6%。

2．模型部署流程

模型部署流程如图 7-8 所示，具体如下。

（1）运行管理资源申请

运行管理资源申请的目的是初始化系统内部资源。它是固定的调用流程，具体如以下代码所示。运行管理资源申请的功能封装在函数 ClassifyProcess::InitResource()中。

```
Result classifyProcess::InitResource(){
    // ACL init
    const char *aclconfigPath = "../src/acl.json";
    aclError ret = aclInit(aclconfigPath);
    if(ret != ACL_ERROR_NONE){
        ERROR_LOG("Acl init failed");
        return FAILED;
    }
    INFO_LOG("Acl init success");
```

```
// open device
ret =aclrtSetDevice(deviceId_);
if(ret != ACL_ERROR_NONE){
    ERROR_LOG("Acl open device id failed", deviceId_);
    return FAILED;
}
INFO_LOG("Open device d success", deviceId_);

ret = aclrtGetRunMode(&runMode_);
if(ret != ACL_ERROR_NONE){
    ERROR_LOG("acl get run mode failed");
    return FAILED;
}
return SUCCESS;
}
```

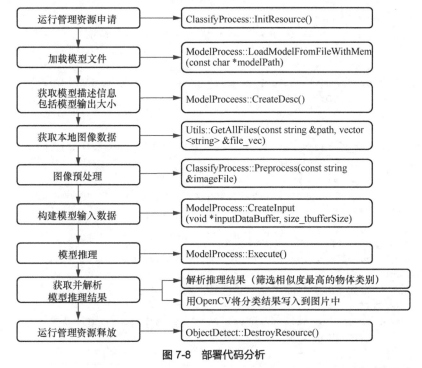

图 7-8 部署代码分析

在上述代码中,使用 aclInit 函数初始化 acl 接口,aclrtSetDevice 函数指定运算的设备 ID,aclrtGetRunMode 函数获取当前昇腾 AI 软件栈的运行模式(判断运行在开发板上还是主机上)。

(2)加载模型文件,构建模型输出内存

从文件加载离线模型数据需要由用户自行管理模型运行的内存,根据内存中加载的模型获取模型的基本信息，其中包含模型输入、输出数据的数据内存大小；由模型的基本信息构建模型输出内存，为接下来的模型推理做好准备。加载本地 om 模型文件到内存中，对应的功能函数原型如以下代码所示。

```
Result ModelProcess::LoadModelFromFileWithMem (const char *modelPath) {
    if (loadFlag_) {
        ERROR_LOG ("has already loaded a model");
        return FAILED;
    }
 aclError ret = aclmdlQuerySize
(modelPath, &modelMemsize_,&modelWeightsize_);
    if (ret != ACL_ERROR_NONE) {
        ERROR_LOG ("query model failed, model file is %s", modelPath);
        return FAILED;
    }
    ret = aclrtMalloc
(&modelemPtr_, modelMemSize_, ACL_MEM_MALLOC_HUGE_FIRST);
    if (ret != ACL_ERROR_NONE) {
        ERROR_LOG
("malloc buffer for mem failed, require size is %zu", modelMemSize_);
        return FAILED;
    }
    ret = aclrtMalloc
(&modelWeightPtr_,modelWeightSize_, ACL_MEM_MALLOC_HUGE_FIRST);
    if (ret != ACL_ERROR_NONE) {
        ERROR_LOG
("malloc buffer for weight failed, require size is %zu", modelWeightSize_);
        return FAILED;
    }
    ret = aclmdlLoadFromFileWithMem
(modelPath, &modelId_, modelemPtr_, modelMemsize, modelweightPtr_,
modelweightsize_);
    if (ret != ACL_ERROR_NONE) {
        ERROR_LOG
("load model from file failed, model file is %s", modelPath);
        return FAILED;
    }
    loadFlag_= true;
    INFO_LOG ("load model %s success", modelPath);
    return SUCCESS;
}
```

在上述代码中，首先使用 aclmdlQuerySize 函数根据模型文件获取模型执行时所需的权值内存大小、工作内存大小，然后使用 aclrtMalloc 函数为模型和权重申请设备上的内存，最后使用 aclmdlLoadFromFileWithMem 函数从文件加载离线模型数据。模型到此完成加载。

根据加载的模型 ID，获取模型的描述信息，对应的功能函数原型如以下代码所示。该函数的作用为根据加载成功的模型的 ID，获取该模型的描述信息。

```
Result ModelProcess::CreateDesc () {
    modelDesc_ = aclmdlcreateDesc ();
    if (modelDesc == nullptr) {
        ERROR_LOG ("create model description failed");
        return FAILED;
    }
    aclError ret = aclmdlGetDesc (modelDesc_, modelId_);
    if (ret != ACL_ERROR_NONE) {
        ERROR_LOG ("get model description failed");
        return FAILED;
    }
    INFO_LOG ("create model description success");
    return SUCCESS;
}
```

在上述代码中，首先使用 aclmdlCreateDesc 函数为模型描述信息创建空间，返回模型信息描述对象指针，再根据加载的模型 ID 获取该模型的描述信息，并记录在 modelDesc 中。上述函数根据模型的描述信息，获取模型的输出个数，以及每路输出在设备上所需的空间大小，为模型的输出在设备上申请空间的代码如下。

```
Result ModelProcess::createOutput () {
    if (modelDesc == nullptr) {
        ERROR_LOG ("no model description, create ouput failed");
        return FAILED;
    }
    output_ = aclmdlCreateDataset ();
    if (output_ == nullptr) {
        ERROR_LOG ("can't create dataset, create output failed");
        return FAILED;
    }
    size_t outputsize = aclmdlGetNumOutputs (modelDesc_);
    for (size_t i=0; i<output_size; ++i) {
        size_t buffer_size = aclmdlGetOutputSizeByIndex (modelDesc_, i);
        void *outputBuffer = nullptr;
        aclError ret = aclrtMalloc (&outputBuffer, buffer_Size,
        ACL_MEM_MALLOC_NORMAL_ONLY);
        if (ret != ACL_ERROR_NONE) {
            ERROR_LOG ("can't malloc buffer, size is %zu,
            create output failed", buffer_size);
            return FAILED;
        }
```

```
    aclDataBuffer* outputData = aclCreateDataBuffer(outputBuffer, buffer_
    size);
    if(ret != ACL_ERROR_NONE){
        ERROR_LOG("can't create data buffer, create output failed");
        aclrtFree(outputBuffer);
        return FAILED;
    }
    ret = aclmdlAddDatasetBuffer(output , outputData);
    if(ret ! ACL_ERROR_NONE){
        ERROR_LOG("can't add data buffer, create output failed");
        aclrtFree(outputBuffer);
        aclDestroyDataBuffer(outputData);
        return FAILED;
    }
}
INFO_LOG("create model output success");
return SUCCESS;
}
```

ACL 库内置数据类型说明如下。aclmdlDataset 主要用于描述模型推理时的输入数据或输出数据。模型可能存在多个输入和多个输出，每个输入或输出的内存地址、内存大小用 aclDataBuffer 类型的数据来描述。

上述代码逻辑如下。首先，使用 aclmdlCreateDataset 函数获取 aclmdlDataset 类型的数据，并使用 aclmdlGetNumOutputs 函数根据模型描述信息获取模型的输出有几路数据。然后，在循环中为每一路数据申请输出内存，使用 aclmdlGetOutputSizeByIndex 根据模型描述信息和输出数据的下标（即为第几路输出数据）获取指定输出的大小，使用 ACL 接口 aclrtMalloc 在设备上申请大小为 buffer_size 的空间地址，并记录在 outputBuffer 中。最后，使用 aclCreateDataBuffer 创建 aclDataBuffer 类型的数据用于描述在设备上申请的内存空间地址及相应的大小，并使用 aclmdlAddDatasetBuffer 添加到输出中。

到此为止，模型已经成功加载并且成功申请到输出内存。

（3）读取本地图像并进行预处理

使用 OpenCV 读取本地图像，对图像进行缩放操作，直至达到模型要求的尺寸。本例中，模型要求的输入图像宽和高分别为 224 像素和 224 像素。将读取到的图像数据复制到设备侧申请的内存空间中，可以为接下来构建模型输入数据做好准备。下面的函数原型完成了图像预处理过程。

```
Result classifyProcess::Preprocess(const string imageFile){
    // read image using OpenCV
```

```
    INFO_LOG("Read image %s",imageFile.c_str());
    cv::Mat origMat = cv::imread(imageFile,CV_LOAD_IMAGE_COLOR);
    if(origMat.empty()){
        ERROR_LOG("Read image failed");
        return FAILED;
    }
    INFO_LOG("Resize image %s", imageFile.c_str());
    //resize
    cv::Mat reiszeMat;
    cv::resize(origMat,reiszeMat,cv::Size(modelWidth_, modelHeight_));
    if(reiszeMat.empty()){
        ERROR_LOG("'Resize image failed");
        return FAILED;
    }
    if(runMode_ == ACL_HOST){
        //在AI1上运行时，需要将图像数据复制到设备侧
        aclError ret = aclrtMemcpy
(inputBuf_,inputDatasize_reiszeMat.ptr<uint8_t>(), inputDatasize_, ACL_MEMCPY_HOST_TO_DEVICE);
        if(ret != ACL_ERROR_NONE){
            ERROR_LOG("Copy resized image data to device failed.");
            return FAILED;
        }
    } else {
        //在Atals 2880K上运行时，数据复制到本地即可
        //reiszeMat是局部变量,无法传出的数据需要复制一份
        memcpy(inputBuf_,reiszeMat.ptr<void>(),inputDatasize_);
    }
    return SUCCESS;
}
```

在上述代码中，使用 OpenCV 读取图像并将其缩放为需要的尺寸，再使用 memcpy 函数将处理后的结果复制到预先分配的输入内存中。

（4）构建模型输入数据，进行模型推理

本例中的 GoogLeNet 模型有一路输入，即图像数据的内存空间。构建输入数据的函数原型如以下代码所示。

```
Result ModelProcess::CreateInput(void *inputDataBuffer, size_t buffersize){
    input = aclmdlCreateDataset();
    if(input == nullptr){
        ERROR_LOG("can't create dataset, create input failed");
        return FAILED;
    }
    aclDataBuffer* inputData = aclCreateDataBuffer(inputDataBuffer, bufferSize);
```

```
    if (inputData == nullptr) {
        ERROR_LOG ("can't create data buffer, create input failed");
        return FAILED;
    }
    aclError ret = aclmdlAddDatasetBuffer (input_, inputData);
    if (inputData == nullptr) {
        ERROR_LOG ("can't add data buffer, create input failed");
        aclDestroyDataBuffer (inputData);
        inputData = nullptr;
        return FAILED;
    }
    return SUCCESS;
}
```

上述代码逻辑如下。首先，使用 aclmdlCreateDataset 函数创建 aclmdlDataset 类型的数据。然后，使用 aclCreateDataBuffer 函数创建 aclDataBuffer 类型的数据，用于描述在设备上申请的内存空间地址及相应的大小。最后，使用 aclmdlAddDatasetBuffer 函数将描述模型第一路输入的数据信息添加到输入中。

根据已经加载到内存中需要推理的模型 ID 和已构建的模型推理输入数据，调用 ACL 库中模型推理接口进行模型推理，相应的函数功能原型如下所示。

```
Result ModelProcess::Execute () {
    aclError ret = aclmdlExecute (modelId_, input_, output_);
    if (ret != ACL_ERROR_NONE) {
        ERROR_LOG ("execute model failed, modelId is %u", modelId_);
        return FAILED;
    }
    INFO_LOG ("model execute success");
    return SUCCESS;
}
```

上述函数的实现很简单，使用 aclmdlExecute 函数执行模型推理，直到返回推理结果。

（5）分析样例模型推理的输出格式，解析模型推理结果

模型的推理结果解析函数（数据后处理过程）原型如以下代码所示。

```
Result ClassifyProcess::Postprocess(const strings origImageFileaclmdlDataset*
modeloutput) {
    uint32_t datasize = 8;
    void* data = GetInferenceOutputItem (datasize, modelOutput);
    if (data == nullptr) return FAILED;
    float* outData = NULL;
    outData = reinterpret_cast<float*(data);
    map<float, unsigned int, greater<float>> resultMap;
    for (uint32_t j=0; j < datasize / sizeof (float); ++j) {
```

```
        resultMap[*outData] = j;
        outData++;
    }
    int maxScoreCls = INVALID_IMAGE_NET_CLASS_ID;
    float maxScore = 0;
    int cnt = 8;
    for (auto it = resultMap,begin () ;it != resultMap.end () ;++it) {
        // print top 5
        if (++cnt > kTopNconfidenceLevels) {
            break;
        }
        INFO_LOG("top %d: index[%d] value[%lf]", cnt, it->second, it->first);
        if (it->first >maxscore) {
            maxScore = it->first;
            maxScoreCls = it->second;
        }
    }

    LabelClassToImage (maxscoreCls, origImagcFile);
    if (runMode == ACL_HOST) {
        delete[] ((uint8_t *) data);
        data = nullptr;
    }
    return SUCCESS;
}
```

在上述代码中，首先，使用 GetInferenceOutputItem 函数获取模型的第一路输出结果，再使用 map 对 float 型数据进行从大到小排序。然后，将相似度前 5 的推理结果记录到日志中，最后，使用 LabelClassToImage 函数将识别到的相似度最高的物体类别通过 OpenCV 写入本地图像中。

（6）资源释放

资源释放通过以下函数实现，目的是释放已经申请到的资源。

```
void ClassifyProcess: : DestroyResource ();
void ModelProcess: : Unload ();
void ModelProcess: : DestroyDesc ();
void ModelProcess: : DestroyInput ();
void ModelProcess: : DestroyOutput ();
```

3．模型上板实践

（1）图像识别源码包

在 Ubuntu 18.04 服务器上获取图像识别源码包。

① 在普通用户目录下执行以下命令，在 ascend 用户下创建工程存储目录，并进入该目录。工程目录如图 7-9 所示。

```
roxbili@ubuntu:~/AscendProjects/classification$ tree
├── CMakeLists.txt
├── data
│   ├── dog1_1024_683.jpg
│   ├── dog2_1024_683.jpg
│   └── rabit.jpg
├── inc
│   ├── classify_process.h
│   ├── image_net_classes.h
│   ├── model_process.h
│   └── utils.h
├── model
├── script
│   └── transferPic.py
└── src
    ├── acl.json
    ├── classify_process.cpp
    ├── CMakeLists.txt
    ├── main.cpp
    ├── model_process.cpp
    └── utils.cpp
```

图 7-9　工程目录

```
mkdir -p $HOME/AscendProjects
cd $HOME/AscendProjects
```

② 从本书配套资源中获取图像识别工程 classification.zip，将其拷贝至 $HOME/AscendProjects 目录下，并执行以下命令，解压到当前目录。

```
unzip classification.zip
```

（2）模型转换

① 模型获取

从本书配套资源中获取图像识别原始网络模和权重文件：googlnet.caffemodel 和 googlenet.prototxt。

下载完毕后会得到 googlenet.caffemodel 和 googlenet.prototxt 两个文件，在 classification 工程目录下建立新文件夹 caffe_model 并放入这两个文件（先忽略 aipp.cfg 文件）。文件夹内容如图 7-10 所示。

```
roxbili@ubuntu:~/AscendProjects/classification/caffe_model$ ls
aipp.cfg  googlenet.caffemodel  googlenet.prototxt
```

图 7-10　文件夹内容

② 模型转换

方法 1：使用 MindStudio 进行模型转换。使用以下命令打开 MindStudio。

```
cd $HOME/MindStudio-ubuntu/bin
./MindStudio.sh
```

在工具栏中选择"Tools > Model Converter"，打开模型转换页面，选择刚刚下载的模型和权重文件，模型转换页面 1 如图 7-11 所示。

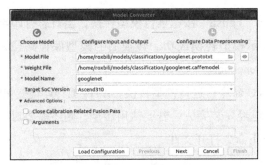

图 7-11　模型转换页面 1

单击图 7-11 中的"Next"按钮进入下一步，按模型转换页面 2 的参数进行配置，如图 7-12 所示。

图 7-12　模型转换页面 2

单击图 7-12 中的"Next"按钮，进入 AIPP 数据预处理部分，按模型转换页面 3 的参数进行配置。

图 7-13　模型转换页面 3

单击图 7-13 中的"Finish"按钮进行模型转换,当日志打印出"Model converted successfully"时,表示模型转换成功。转换后的模型保存路径为$HOME/modelzoo/googlenet/device/googlenet.om。

方法 2:使用 ATC 命令行进行模型转换。ATC 工具环境变量配置如下。

假设 ATC 工具已经安装完成。若要使用命令,则还需要对环境变量进行配置,在普通用户下执行以下命令打开文件。

```
cd $HOME
vim .bashrc
```

在.bashrc 文件最后添加如下代码,进行环境配置。

```
install_path = ${HOME}/Ascend/ascend-toolkit/20.0.RC1/x86_64-linux_gcc7.3.0
export PATH = /usr/local/python3.7.5/bin:${install_path}/atc/ccec_compiler/bin:${install_path}/atc/bin:$PATH
export PYTHONPATH=${install_path}/atc/python/site-packages/te:${install_path}/atc/python/site-packages/topi:$PYTHONPATH
export LD_LIBRARY_PATH = ${install_path}/atc/lib64:$LD_LIBRARY_PATH
export ASCEND_OPP_PATH = ${install_path}/opp
```

使用以下命令重新加载刚刚修改的.bashrc 文件。

```
source .bashrc
```

使用 ATC 工具进行模型转换。在工程目录 caffe_model 文件夹下新建 aipp.cfg 文件,并在写入如下信息后保存。

```
aipp_op {
aipp_mode : static
related_input_rank : 0
input_format : RGB888_U8
src_image_size_w : 224
src_image_size_h : 224
crop : false
min_chn_0 : 104
min_chn_1 : 117
min_chn_2 : 123
}
```

在 caffe_model 目录下打开终端,执行以下命令进行模型转换。

```
atc
--model = googlenet.prototxt -weight = googlenet.caffemodel
--framework = 0 -output = googlenet
--soc_version = Ascend310
--input_shape="data:1, 3, 224, 224"
--insert_op_ conf = aipp.cfg
```

当出现"ATC run success, welcome to the next use."时，表示转换成功。读者可以看到转换后的.om 文件就保存在当前目录下。

③ 添加模型至工程

添加模型至工程的界面如图 7-14 所示。在左侧边栏使用鼠标右键单击工程名字选择"Add Model"选项。

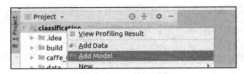

图 7-14　添加模型至工程

在弹出的页面中找到转换后的模型路径，单击"OK"按钮添加到工程中（使用 ATC 命令行方式转换的模型在 caffe_model 文件夹中），如图 7-15 所示。

④ 编译与运行

在 MindStudio 工具栏依次单击"Build→Edit Build Configuration"进行编译设置。Build 参数设置如图 7-16 所示，单击"Build"按钮开始编译。

成功编译后连接开发板，若开发板重新上电运行，则需要重启 ada 工具。

图 7-15　添加模型参数配置

图 7-16　Build 参数设置

登录开发板（密码 XXXX）：ssh HwHiAiUser@192.168.1.2。

执行以下命令重启 ada 工具（假设模型 ID 为 1993），命令示例如图 7-17 所示。

```
ps -ef | grip ada
kill -9 1993
cd /var/
./ada &
```

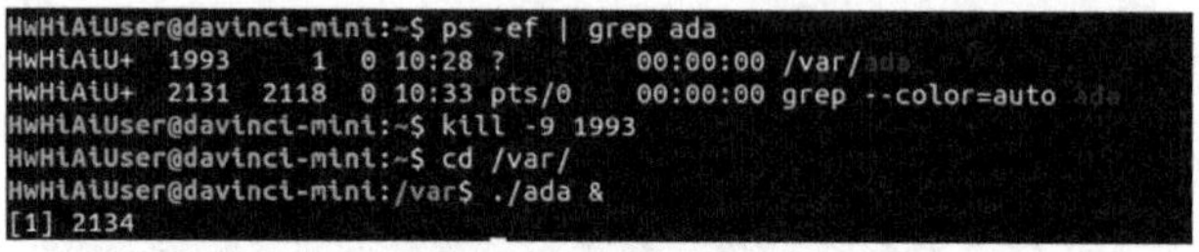

图 7-17 命令示例

回到 MindStudio 窗口上，在工具栏依次单击"Run→Edit configurations"。

在图 7-18 所示页面的"Command Arguments"中添加运行参数"../data（输入图像的路径）"，之后依次单击"Apply"和"OK"按钮。

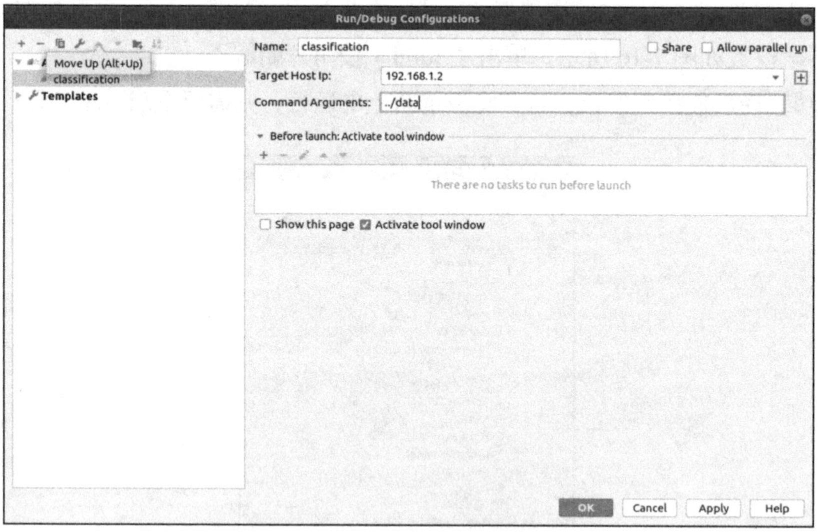

图 7-18 运行参数设置

在 MindStudio 窗口依次单击"Run→Run 'classification'"，在开发人员板执行可执行程序。

推理结果图像保存在工程下的"out→outputs"目录，以时间戳命名的文件夹内，运行结果示例如图 7-19 所示，正确的标签已经添加在输入的图像上。

图 7-19　运行结果示例

7.2.2　目标检测应用实例：C++/Python 实现

1．模型部署流程

图像目标检测代码流程如图 7-20 所示，具体如下。

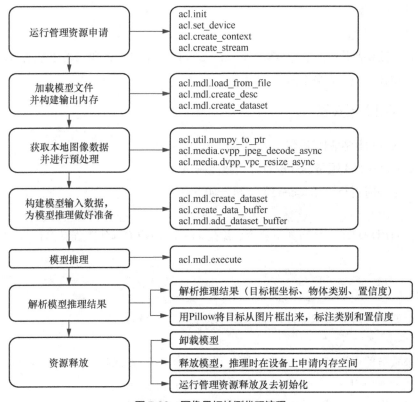

图 7-20　图像目标检测代码流程

① 运行管理资源申请：用于初始化系统内部资源。这是固定的调用流程。

② 加载模型文件并构建输出内存：从文件加载离线模型数据，需要由用户自行管理模型运行的内存，根据内存中加载的模型获取模型的基本信息，包含模型输入、输出数据的内存大小；由模型的基本信息构建模型输出内存，为接下来的模型推理做好准备。

③ 获取本地图像并进行预处理：从本地存储有图像数据的目录中循环读取图像数据并使用 DVPP 的 JPEGD 功能将图像数据解码为 YUV420SP，使用 DVPP 的缩放功能将图像数据进行缩放至模型要求的尺寸。

④ 输入模型数据：为模型推理做好准备。

⑤ 模型推理：根据已构建的模型输入数据进行模型推理。

⑥ 解析推理结果：根据模型输出，解析目标检测结果，得到图像数据中检测到的目标框的坐标值、相应的物体类别及置信度，并使用 Pillow（一个 Python 图像处理库）将检测结果标注在图像上进行展示。

⑦ 释放资源。

部署环境如下。

实验前需要制作 SD 卡，并连接到 Atlas 200 DK 的 Ubuntu 服务器上准备好软件环境，并且在开发板上安装 Python 环境。

2. 模型上板实践

（1）获取目标检测源码包

在 Ubuntu18.04 服务器获取目标检测源码包。

切换至普通用户（如 ascend），执行如下命令。

```
su - ascend
```

在普通用户目录下执行如下命令，并在 ascend 用户下创建工程存储目录，并进入该目录。

```
mkdir -p $HOME/AscendProjects
cd $HOME/AscendProjects
```

执行如下，命令获取图像识别工程并解压到当前目录。

```
wget ss
```

如果服务器上没有 wget 命令，则使用以下命令进行安装。

```
sudo apt-get install wget
```

如果使用 wget 下载失败，则可使用如下命令下载代码。

```
curl -OL https://ob***ok.obs.cn-east-2.myhuaweicloud.com/liuyuan/
20.1samples/ objectdetection_python.zip
```

如果服务器上没有 curl 命令，则使用以下命令进行安装。

```
sudo apt-get install curl
```

如果 curl 也下载失败，可复制下载链接到浏览器，手动下载压缩包，并上传至服务器。使用以下命令。

解压工程文件压缩包。

```
unzip objectdetection_python.zip
```

如果服务器上没有 unzip 命令，则使用以下命令进行安装。

```
sudo apt-get install unzip
```

工程文件目录结构如图 7-21 所示。

图 7-21　工程文件目录结构

工程目录说明（部分）如表 7-6 所示。

表 7-6　工程目录说明（部分）

一级目录	二级目录/文件	说明
model		存储转换后的 .om 文件
data	*.jpg	待推理的本地图像数据
objectdectection_python	acl_dvpp.py	DVPP 图像预处理功能源文件
	acl_image.py	读取本地图像数据源文件
	constants.py	存储公共变量的源文件
	object_detect.py	主函数调用源文件
	utils.py	存储公共函数的源文件
	SourceHanSansCN-Normal.ttf	开源字体库

（2）模型转换

选择 Caffe 的 YOLOv3 模型，需要将其转换为昇腾 AI 处理器支持的达芬奇（Davinci）模型文件，这里使用命令行方式对模型进行转换。

① 执行如下命令，在 ascend 用户下创建模型存储目录并进入该目录。

```
mkdir -p ~/models/yolov3_yuv
cd ~/models/yolov3_yuv
```

② 下载原始网络模型、权重文件及 AIPP 配置文件。

```
wget https://c7xcode.***.cn-north-4.myhuaweicloud.com/models/yolov3/yolov3.caffemodel
wget https://c7xcode.***.cn-north-4.myhuaweicloud.com/models/yolov3/yolov3.prototxt
wget https://c7xcode.***.cn-north-4.myhuaweicloud.com/models/yolov3/aipp_nv12.cfg
```

当出现图 7-22 所示的结果，表示下载完毕。

```
ascend@ubuntu:~/models/yolov3_yuv$ ls
aipp_nv12.cfg   yolov3.caffemodel   yolov3.prototxt
```

图 7-22　下载完毕结果

③ 将原始网络模型转换为昇腾 AI 处理器支持的 Davinci 模型。

首先，设置环境变量，在命令行中输入以下命令设置环境变量。

```
export install_path = $HOME/Ascend/ascend-toolkit/latest
export PATH = /usr/local/python3.7.5/bin:${install_path}/atc/ccec_compiler/bin:${install_path}/atc/bin:$PATH
export ASCEND_OPP_PATH=${install_path}/opp
export PYTHONPATH = ${install_path}/atc/python/site-packages:${install_path}/atc/python/site-packages/auto_tune.egg/auto_tune:${install_path}/atc/python/site-packages/schedule_search.egg:$PYTHONPATH
export LD_LIBRARY_PATH = ${install_path}/atc/lib64:${LD_LIBRARY_PATH}
```

然后，执行以下命令转换模型。

```
atc--model = yolov3.prototxt--weight = yolov3.caffemodel
--framework = 0--output = yolov3_yuv--soc_version = Ascend310--insert_op_conf = aipp_nv12.cfg
```

模型转换成功后的结果如图 7-23 所示。

④ 使用以下命令将转换好的模型复制至工程对应的目录下。

```
cp ~/models/yolov3_yuv/yolov3_yuv.om ~/AscendProjects/objectdetection_python/model/
```

（3）模型运行

使用以下命令获取样例需要的测试图像。图像存储在工程目录下的 ./data 目录中，目录结构示意如图 7-24 所示。

```
ascend@ubuntu:~/AscendProjects$ tree objectdetection_python
objectdetection_python
├── acl_dvpp.py
├── acl_image.py
├── acl_model.py
├── constants.py
├── data
│   ├── cat.jpg
│   └── dog1_1024_683.jpg
├── model
├── object_detect.py
├── SourceHanSansCN-Normal.ttf
└── utils.py

2 directories, 9 files
```

图 7-23　模型转换成功的结果

```
# 执行以下命令，进入样例的 data 文件夹，下载对应的测试图像。
cd $HOME/samples/python/level2_simple_inference/2_object_detection/
YOLOV3_coco_detection_picture/data
wget https://obs***7.obs.cn-east-2.myhuaweicloud.com/models/
YOLOV3_coco_detection_picture/dog1_1024_683.jpg
cd ../src
```

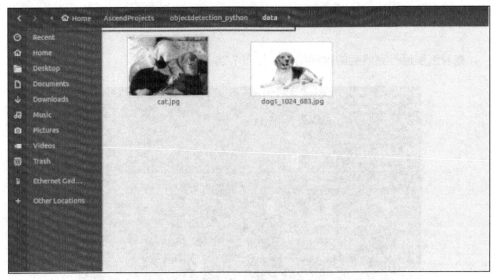

图 7-24　目录结构示意

用户也可自定义要推理的图像，存储在此目录中，作为推理输入数据。执行以下命令，将开发环境的 YOLOV3_coco_detection_picture 目录上传到运行环境中（如 /home/HwHiAiUser），并以 HwHiAiUser（运行用户）登录运行环境（主机）。

代码中的[xxx.xxx.xxx.xxx]表示运行环境 IP 地址，200DK 在 USB 连接时一般为 192.168.1.2:300（ails）为对应的公网 IP 地址。

```
scp -r $HOME/samples/python/level2_simple_inference/2_object_detection/
YOLOV3_ coco_detection_picture HwHiAiUser@xxx.xxx.xxx.xxx:/home/HwHiAiUser
ssh HwHiAiUser@xxx.xxx.xxx.xxx
cd ${HOME}/YOLOV3_coco_detection_picture/src
```

运行样例如下。

```
python3.6 object_detect.py ../data/
```

（4）查看结果

运行完成后，样例工程的 out/目录下会生成推理后的图像，对比结果如图 7-25 所示。

（a）推理前　　　　　　　　　　　（b）推理后

图 7-25　对比结果

查看工程运行完成后的推理结果，如图 7-26 所示。

图 7-26　推理结果

依据图 7-26 可以得到如下检测结果。

- 图中 1 表示当前检测图片中目标检测框的个数。
- 2、3、4 表示 3 个检测框详细信息（检测框坐标、置信度和类别编号）。
- 5 表示当前检测图片文件路径和文件名。
- 6 表示当前检测图片的检测信息（类别编号、检测框坐标和置信度）。

7.2.3 语音处理应用实例：C++/Python 实现

1．关键原理解析

本小节介绍的语音处理应用实例基于 MindX SDK，实现了端到端的关键词检测。所选关键词为昇腾。关键词的检测流程如图 7-27 所示。

图 7-27　关键词的检测流程

关键词检测流程开始于接收音频输入，随后对音频进行预处理并提取特征，这一步骤通常涉及使用 TensorFlow 中的 mfcc 方法来获取音频的特征表示。接着，这些特征被送入一个训练有素的模型中，通过 MindX SDK 的 SendProtobuf 插件进行推理，以识别音频中的特定关键字。最后，系统分析模型的输出，判断是否存在预设的关键字，如"昇腾"，并据此输出关键字消息，完成整个检测过程。

2．模型上板实践指导

（1）数据集准备

数据集准备环境依赖如表 7-7 所示，可以在非昇腾环境中完成。这里在 Ubuntu 18.04 环境下完成。

表 7-7　数据集准备环境依赖

软件名称	版本
Python	3.9.2
TensorFlow	2.6.2
Numpy	1.22.4
Librosa	0.9.2

数据集处理时用到了 TensorFlow 和 Librosa，TensorFlow 和 Librosa 对 Numpy 版本都有要求，其中 Librosa 对 Numpy 版本的要求是 1.22 或者更低，而过高版本的 TensorFlow 要求 Numpy 的版本是 1.23。

Librosa 安装若无法编译相关依赖，则可参考下述指令在 root 用户下安装对应的库。

```
apt-get install llvm-10 -y
LLVM_CONFIG = /usr/lib/llvm-10/bin/llvm-config pip install librosa
apt-get install libsndfile1 -y
apt-get install libasound2-dev libsndfile-dev
apt-get install liblzma-dev
```

① 下载项目工程代码与 keyword-spotting 的代码。

切换至普通用户（如 ascend），执行如下命令。

```
su - ascend
```

在普通用户目录下执行如下命令，在 ascend 用户下创建工程存储目录，并进入该目录。

```
mkdir -p $HOME/AscendProjects
cd $HOME/AscendProjects
```

执行如下命令获取语音处理工程，并进入该目录。

```
git clone https://g***e.com/ascend/ascend_community_projects/tree/master/kwscd kws
```

执行如下命令下载 keyword-spotting 项目的代码，并进入此项目。

```
git clone https://g***b.com/ryuuji06/keyword-spotting/
cd keyword-spotting
```

② 下载已处理的数据集 data_CTC 后，删除 mod_gsc2 文件夹内的文件，部署至 keyword-spotting 项目根目录下。

执行如下命令，下载已处理的数据集 data_CTC。

```
wget https://mindx.***.obs.cn-north-4.myhuaweicloud.com/ascend_community_projects/ kws/data_CTC.7z
```

执行如下命令，解压数据集压缩包。

```
7z x data_CTC.7z
```

如果服务器上没有 7z 命令，使用以下命令进行安装。

```
sudo apt-get install p7zip
```

使用以下命令删除 mod_gsc2 文件夹内的文件。

```
cd data_CTC/model_gsc2
rm -f *
```

③ 执行数据集切分。下载源码文件后将 create_dataset.py 和 prepare_datasets.py

中的 keywords 由

```
keywords = ['house', 'right', 'down', 'left', 'no', 'five', 'one', 'three']
```

替换成

```
keywords =['昇腾']
```

将 create_dataset.py 中的

```
fillers = ['stop', 'bird', 'bed', 'cat', 'eight', 'go', 'wow', 'four','happy',
'marvin', 'on', 'off', 'sheila', 'zero', 'yes', 'up', 'tree', 'seven' ]
```

替换成

```
fillers = ['上海', '北京', '中国', '城市', '记者', '政策']
```

将下载好的数据集放在源码文件 keyword-spotting-main 所在文件夹中,将 create_dataset.py 中数据集路径

```
source_folder = 'data\speech_commands'
# 语音指令数据集路径（path to speech commands dataset）
target_folder = 'data\mod_gsc'    # 创建好的数据集路径（path to created dataset）
```

替换成下载好的数据集位置:

```
source_folder = 'data_CTC\words' # path to speech commands dataset
target_folder = 'data_CTC\mod_gsc2' # path to created dataset
```

将 prepare_datasets.py 中数据集路径

```
cmds1_path = 'data/speech_commands'
cmds2_path = 'data/mod_gsc'
libri_path = "data/train-clean-100/LibriSpeech/train-clean-100"
noisefolder = 'data/MS-SNSD/noise_train'
……
selected_data_folder = 'data2'
```

替换成经 create_dataset.py 处理后生成的数据集位置:

```
cmds1_path = 'data_CTC/words'
cmds2_path = 'data_CTC/mod_gsc2'
libri_path = 'data_CTC/S0002'
noisefolder = 'data_CTC/noise_train'
……
selected_data_folder = 'data_CTC_pre_2'
```

替换完成后,执行以下命令预处理数据集。

```
python create_dataset.py
python prepare_datasets.py
```

完成后生成如下目录结构（仅展示所需部分）,保存以下文件。

```
keyword-spotting
|-------- data_CTC_pre_2  // 处理后的数据索引目录
|-------- data_CTC        // 经过处理的数据目录（子文件夹正确释放示例如下）
```

```
|       |---- words
|       |---- S0002
|       |---- noise_train
|       |---- mod_gsc2
// 处理生成的文件夹且每次内容不同,原始数据集无此文件夹,自行执行数据预处理时请删除该文件夹
```

（2）模型训练

模型训练的环境依赖与数据集准备相同,可以在同一环境下完成。

使命 cd 命令进入原项目文件夹（keyword-spotting 项目根目录），并执行以下命令。

```
python kws_train.py -d ../data_CTC_pre_2 -r ../result1ctc1 -m 2
--train_test_split 0.8 --epochs 50
```

其中，train_test_split 的作用是将数据集按比例分成的训练集和测试集；data_CTC_pre_2 是由 prepare_datasets.py 生成的数据集；result1ctc1 是模型。训练完成后保存 h5 模型和相关参数文件至 result1ctc1 目录（仅展示所需部分），得到的目录结构如下。

```
keyword-spotting-main
|-------- result1ctc1              // 训练后的h5模型及相关参数目录
```

（3）模型推理

模型推理的环境依赖如表 7-8 所示，可以在 Atlas 200 DK 环境下完成。

表 7-8　模型推理的环境依赖

软件名称	版本
Python	3.9.2
TensorFlow	2.6.2
Numpy	1.22.4
MindX SDK	3.0RC3
Soundfile	0.10.3
tf2onnx（模型转换）	1.12.1
MagicONNX（模型转换）	0.1.0

MagicONNX 无法使用 pip 安装，请手动执行如下指令完成安装。

```
git clone https://g***e.com/Ronnie_zheng/MagicONNX.git
cd MagicONNX
pip install
```

① 激活 200DK 环境。执行以下指令以激活环境。

```
source ${SDK-path}/set_env.sh
```

```
source ${ascend-toolkit-path}/set_env.sh
```

其中，SDK-path 是 SDK mxVision 安装路径，ascend-toolkit-path 是 CANN 安装路径。

② 模型转换有以下两种方法。

方法 1：执行以下指令，直接使用 coverModel.sh 脚本。该脚本将尝试加载默认路径下的 Ascend Toolkit 环境设置脚本（通常位于/usr/local/Ascend/ascend-toolkit/set_env.sh），以激活 ATC 环境变量。在使用过程中，请确保已经安装了 MagicONNX 和 onnxsim 组件。特别需要注意的是，onnxsim 组件在 ARM 架构的服务器上可能会遇到安装问题，需要读者额外关注和解决。

```
bash coverModel.sh
```

方法 2：手动执行模型转换。执行如下指令，在"modelchange"目录下生成相关 om 模型。

```
#1 转换.h5 to .pb 模型
python modelchange/keras2onnx.py
#2 转换.pb to onnx 模型
python -m tf2onnx.convert --saved-model tmp_model --output model1.onnx --opset 11
#3 修正 onnx 模型的冗余节点输入，否则 ATC 报错
python modelchange/onnx2om.py
#4 ATC 转换 onnx 到 om 模型
atc -framework = 5 -model = model2.onnx -output = modelctc1 --input_format = ND
--input_shape = "input:1,958,13" -log = debug --soc_version = Ascend310
```

③ SDK 推理，部署模型和数据集文件至推理项目目录，最终的结构如下。

```
|-------- pipeline
|          |---- crnn_ctc.pipeline      // 声学模型流水线配置文件
|-------- python
|          |---- main.py                // om 测试样例
|          |---- kws_predict.py         // 原模型测试样例
|          |---- run.sh                 // 运行脚本
|-------- README.md                     // 本文档
|-------- modelchange                   // 转换模型相关目录
|          |---- keras2onnx.py          // h5->pb->onnx
|          |---- onnx2om.py             // onnx->om
|-------- result1ctc1                   // 训练后的 h5 模型及相关参数目录
|-------- data_CTC_pre_2                // 预处理后的数据索引目录
|-------- data_CTC                      // 经过预处理的数据目录
|-------- blank                         // 过长音频截取长度后的存储的临时文件夹
                                        // （推理运行时生成）
```

修改 run.sh 中代码以进行 om 指定精度测试，om 指定音频文件夹功能测试，原模型 tf 精度测试或原模型 TF 指定音频文件夹功能测试。

```
# python main.py -p "../{}"              # om 指定文件夹功能
```

```
# python kws_predict.py -p "../{}"    # 原模型 TF 指定文件夹功能
# python kws_predict.py               # 原模型 TF 精度
python main.py                         # om 精度
```

执行命令 bash run.sh 启动相应的功能。

(4) 结果说明

① 功能测试。输出形状和对应文件名,以及是否包含关键词。示例结果如下。

```
(1, 958, 13)
../blank/0067-城市-政策.wav: predict [[0, 0]],NOT Including keyword promotion "shengteng"
```

② 精度测试。输出的结果中先输出预测结果"tokens_post_p1"的值,再输出真实标签"tokens_true_p1"的值,其中,1 表示关键字昇腾,0 表示其他关键字。如果真实标签和预测标签都有"昇腾"关键字,则预测准确数量 + 1;如果都没有"昇腾",则预测准确数量 − 1,最后输出精度。精度 = 预测准确数量 ÷ 音频总数。示例结果如下。

```
# 原模型
tokens_post_p1  [[0]]
tokens_true_p1  [[0, 0, 0, 0, 0, 0, 0, 0]]
274-------------------------------
tf model accuracy: 0.9454545454545454
# om 模型
 (1, 958, 13)
tokens_post_p1 [[0]]
tokens_true_p1 [[0, 0, 0, 0, 0, 0, 0, 0]]
om model accuracy: 0.9418181818181818
```

7.2.4 模型迁移实例:以 ONNX/PyTorch 为例

1. 简介

模型迁移主要指将开源社区中实现过的模型迁移到昇腾 AI 处理器上,模型迁移流程如图 7-28 所示。

① 环境准备:根据用户场景在昇腾设备上选择安装开发环境或运行环境 nnae 软件。

② 模型迁移:将基于 PyTorch 的训练脚本迁移到昇腾 AI 处理器上进行训练。

目前有 3 种方式迁移方式:自动迁移(推荐)、工具迁移、手工迁移。迁移前要保证该脚本能在 GPU、CPU 上运行,推荐用户使用最简单的自动迁移这种方式。

AMP——automatic mixed precision，自动混合精度。

图 7-28 模型迁移流程

自动迁移：在训练脚本中导入脚本转换库，然后拉起脚本执行训练。训练脚本在运行的同时，会自动将脚本中的 CUDA 接口替换为昇腾 AI 处理器支持的 NPU 接口。整体过程为边训练边转换。

工具迁移：训练前，通过脚本迁移工具，自动将训练脚本中的 CUDA 接口替换为昇腾 AI 处理器支持的 NPU 接口，并生成迁移报告（脚本转换日志、不支持算子的列表、脚本修改记录）。训练时，运行转换后的脚本。整体过程为先转换脚本，再进行训练。

手工迁移：算法工程师通过对模型的分析、GPU 与 NPU 代码的对比，进而对训练脚本进行修改，以支持在昇腾 AI 处理器上执行训练。迁移要点有：定义 NPU 为训练设备，或将训练脚本中适配 GPU 的接口切换至适配 NPU 的接口；多卡迁移需修改芯片间通信方式为 hccl。

③ 自动混合精度：开启混合精度，保证模型性能。混合精度训练是在训练时混合使用单精度（FP32）与半精度（FP16）数据类型，并使用相同的超参数实现了与 FP32 几乎相同的精度。

④ 模型训练：配置环境变量，拉起训练进程。

⑤ 调试训练：在执行训练的过程中，选择如下的方式进行调试训练。

打点定位：由于 PyTorch 框架是异步执行框架，直接使用 print 打点可能无法准确定位问题所在位置，需要使用流同步接口辅助打点。该方法适用于问题定位场景。

断点调试：在需要设置断点的部分添加函数。

命令行调试（gdb 工具）：gdb 调试工具的主要功能为在程序中设置断点、监视变量、单步骤运行、运行时改变变量值、跟踪路径、线程切换。此方法主要针对 coredump 文件，使用 gdb 调试 coredump 文件，打印堆栈。

⑥ 精度调测：使用精度对比工具，分析对比结果，定位精度问题。

⑦ 性能调优：使用 Profiling 工具采集迁移训练中的数据，分析数据，定位性能瓶颈，针对瓶颈进行性能调优。

⑧ 保存与导出模型：保存为.pth 或.pth.tar 两种扩展名的模型文件。

⑨ 离线推理/在线推理：离线推理指的是导出模型文件为 ONNX 模型，通过 ATC 工具转换为适配昇腾 AI 处理器的.om 文件，再进行离线推理。在线推理指的是直接使用模型文件进行在线推理。

2．模型迁移实例

（1）模型迁移

这里提供一个简单的模型迁移样例。本例采用自动迁移方法，帮助读者快速体验将 GPU 模型脚本迁移到昇腾 NPU 上的流程，在 GPU 上训练卷积神经网络 CNN 模型识别手写数字的脚本代码，并进行修改，使其可以迁移到昇腾 NPU 上进行训练。

① 环境准备

请先参考 7.1 节完成开发环境的部署，完整安装依赖列表，在安装深度学习框架时选择安装 PyTorch 框架。完成安装后，执行如下命令，配置 CANN 环境变量（以 root 用户默认安装路径为例）。

```
. /usr/local/Ascend/ascend-toolkit/set_env.sh
```

② 新建脚本代码

新建脚本 train.py，写入以下原 GPU 脚本代码。

```python
# 引入模块
import time
import torch
import torch.nn as nn
from torch.utils.data import Dataset, DataLoader
import torchvision

# 初始化运行 device
device = torch.device('cuda:0')

# 定义模型网络
class CNN(nn.Module):
    def __init__(self):
        super(CNN, self).__init__()
        self.net = nn.Sequential(
            # 卷积层
            nn.Conv2d(in_channels = 1,
                      out_channels=16,
                      kernel_size=(3, 3),
                      stride = (1, 1),
                      padding = 1),
            # 池化层
            nn.MaxPool2d(kernel_size = 2),
            # 卷积层
            nn.Conv2d(16, 32, 3, 1, 1),
            # 池化层
            nn.MaxPool2d(2),
            # 将多维输入一维化
            nn.Flatten(),
            nn.Linear(32*7*7, 16),
            # 激活函数
            nn.ReLU(),
            nn.Linear(16, 10)
        )
    def forward(self, x):
        return self.net(x)
```

```
# 下载数据集
train_data = torchvision.datasets.MNIST(
    root = 'mnist',
    download = True,
    train = True,
    transform = torchvision.transforms.ToTensor()
)

# 定义训练相关参数
batch_size = 64
model = CNN().to(device) # 定义模型
train_dataloader = DataLoader(train_data, batch_size=batch_size)
# 定义 DataLoader
loss_func = nn.CrossEntropyLoss().to(device)    # 定义损失函数
optimizer = torch.optim.SGD(model.parameters(), lr = 0.1)   # 定义优化器
epochs = 10    # 设置循环次数

# 设置循环 for epoch in range(epochs):
    for imgs, labels in train_dataloader:
        start_time = time.time()    # 记录训练开始时间
        imgs = imgs.to(device)      # 把 img 数据放到指定 NPU 上
        labels = labels.to(device)  # 把 label 数据放到指定 NPU 上
        outputs = model(imgs)       # 前向计算
        loss = loss_func(outputs, labels)   # 损失函数计算
        optimizer.zero_grad()
        loss.backward()    # 损失函数反向计算
        optimizer.step()   # 更新优化器

# 定义保存模型
torch.save({
            'epoch': 10,
            'arch': CNN,
            'state_dict': model.state_dict(),
            'optimizer' : optimizer.state_dict(),
        },'checkpoint.pth.tar')
```

③ 修改脚本代码

在 train.py 中进行修改,首先添加以下加粗部分库代码。若使用昇腾 910 处理器,由于其架构特性限制,在训练时需要开启 AMP,可以提升模型的性能。

```
import time
import torch
……
import torch_npu
```

```
from torch_npu.npu import amp    # 导入AMP模块
import transfer_to_npu           # 使能自动迁移
```

然后，使能 AMP 计算，在模型、优化器定义之后，定义 AMP 功能中的 GradScaler。

```
......
loss_func = nn.CrossEntropyLoss().to(device)    # 定义损失函数
optimizer = torch.optim.SGD(model.parameters(), lr=0.1)    # 定义优化器
scaler = amp.GradScaler()    # 在模型、优化器定义之后，定义 GradScaler
epochs = 10
```

在训练代码中，这一部分添加 AMP 功能相关的代码，开启 AMP。

```
......
for i in range(epochs):
    for imgs, labels in train_dataloader:
        imgs = imgs.to(device)
        labels = labels.to(device)
        with amp.autocast():
            outputs = model(imgs)    # 前向计算
            loss = loss_func(outputs, labels)    # 损失函数计算
        optimizer.zero_grad()
        # 进行反向传播前后的 loss 缩放、参数更新
        scaler.scale(loss).backward()    # loss 缩放并反向转播
        scaler.step(optimizer)    # 更新参数（自动 unscaling）
        scaler.update()    # 基于动态 Loss Scale 更新 loss_scaling 系数
```

配置执行训练脚本所需的环境变量。

```
export PYTHONPATH = {CANN 包安装目录}/ascend-toolkit/latest/tools/ms_fmk_transplt/
torch_npu_bridge:$PYTHONPATH    # 仅在自动迁移时需要配置
```

执行命令启动训练脚本（命令脚本名称可根据实际修改）。

```
python3 train.py
```

若训练结束后生成如图 7-29 所示的权重文件，则说明迁移训练成功。

图 7-29　权重文件

（2）导出 ONNX 模型，转换为离线模型

PyTorch 模型在昇腾 AI 处理器上的部署策略是基于 PyTorch 官方支持的 ONNX 模块实现的。ONNX 是业内目前比较主流的模型格式，广泛用于模型交流及部署。下

面主要介绍如何将 Checkpoint 文件通过 torch.onnx.export( )接口导出为 ONNX 模型。

① .pth 或.pt 文件导出为 ONNX 模型。保存的.pth 或.pt 文件是 PyTorch 模型的权重文件，可以通过 PyTorch 构建相应的模型架构，然后加载这些权重来恢复完整的模型。一旦模型被成功恢复，可以进一步将模型导出为 ONNX 格式，以便在不同的平台和框架中使用。具体样例如下。

```
import torch
import torch_npu
import torch.onnx
import torchvision.models as models
# 设置使用 CPU 导出模型
device = torch.device ("cpu")

def convert ():
    # 模型定义来自 torchvision，样例生成的模型文件是基于 resnet50 模型
    model = models.resnet50 (pretrained = False)
resnet50_model = torch.load ('resnet50.pth', map_location='cpu')
# 根据实际文件名称修改
    model.load_state_dict (resnet50_model)

    batch_size = 1   # 批处理大小
    input_shape = (3, 224, 224)   # 输入数据,改成自己的输入形状

    # 模型设置为推理模式
    model.eval ()

    dummy_input = torch.randn (batch_size, *input_shape) # 定义输入形状
    torch.onnx.export (model,
                       dummy_input,
                       "resnet50_official.onnx",
                       output_names = ["output"],   # 构造输出名
                       input_names = ["input"],     # 构造输入名

                  opset_version=11,
# ATC 工具目前支持 opset_version=9, 10, 11, 12, 13
                  dynamic_axes={"input":{0:"batch_size"},
"output":{0:"batch_size"}})   # 支持输出动态轴
if __name__ == "__main__":
    convert ()
```

② .pth.tar 文件导出为 ONNX 模型。.pth.tar 在导出 ONNX 模型时需要先确定保存时的信息，有时保存的节点名称和模型定义中的节点会有差异，例如会多出前缀和后缀。在进行转换的时候，读者可以对节点名称进行修改。转换代码样例如下。

```python
from collections import OrderedDict
import torch
import torch_npu
import torch.onnx
import torchvision.models as models

# 如果发现 pth.tar 文件保存时节点名加了前缀或后缀，则通过遍历删除。此处以遍历删除前缀
# "module."为例。若无前缀后缀则不影响
def proc_nodes_module(checkpoint, AttrName):
    new_state_dict = OrderedDict()
    for key, value in checkpoint[AttrName].items():
        if key == "module.features.0.0.weight":
            print(value)
        # 根据实际前缀后缀情况修改
        if(key[0:7] == "module."):        name = key[7:]    else:
            name = key[0:]

        new_state_dict[name] = value
    return new_state_dict

def convert():
    # 模型定义来自于torchvision，样例生成的模型文件是基于ResNet-50模型
    checkpoint = torch.load("./resnet50.pth.tar", map_location = torch.device('cpu'))      # 根据实际文件名称修改
    checkpoint['state_dict'] = proc_nodes_module(checkpoint, 'state_dict')
    model = models.resnet50(pretrained = False)
    model.load_state_dict(checkpoint['state_dict'])
    model.eval()
    input_names = ["actual_input_1"]
    output_names = ["output1"]
    dummy_input = torch.randn(1, 3, 224, 224)
    torch.onnx.export(model, dummy_input, "resnet50.onnx", input_names = input_names, output_names = output_names, opset_version = 11)      # 输出文件名根据实际情况修改
if __name__ == "__main__":
    convert()
```

得到ONNX模型后，以CANN软件包运行的用户将ONNX模型文件上传至开发环境的任意目录，例如上传到$HOME/module/目录下。执行如下命令生成离线模型。请使用与芯片名相对应的<soc_version>取值进行模型转换，然后再进行推理。

```
atc
--model = $HOME/module/resnet50*.onnx
--framework = 5
--output = $HOME/module/out/ onnx_resnet50
```

```
--soc_version = <soc_version>
```

若提示如下信息，则说明模型转换成功。

```
ATC run success
```

成功执行命令后，在--output 参数指定的路径下，可查看离线模型。

7.2.5 模型轻量化开发实践

1．模型轻量化概述

深度学习模型轻量化是指通过一系列技术手段减小深度学习模型的体积和计算复杂度，以便在资源受限的设备上实现高效推理。深度学习模型轻量化的方法如下。

（1）模型压缩

① 参数剪枝：通过剪枝算法删除网络中冗余的参数，减小模型的大小和计算量。

② 权重量化：将模型的浮点权重转换为低位数表示，如 8 bit 整数，减少存储和计算开销。

③ 分解矩阵：将卷积层中的卷积核分解为更小的子核，减少参数数量。

④ 知识蒸馏：通过使用一个大型模型的预测结果作为目标，训练一个小型模型，使其具有类似的性能。

（2）模型结构设计

① 网络剪枝：通过删除或简化网络中的某些层或模块，减小模型的复杂度。

② 网络量化：减少网络中的计算量和参数数量，如使用深度可分离卷积代替标准卷积。

③ 网络设计：设计更加轻量级的网络结构，如 MobileNet、ShuffleNet 等，以减小模型的大小和计算复杂度。

（3）硬件加速

① 模型压缩加速器：使用专门设计的硬件加速器，如 TPU、NPU 等，加速模型的推理速度。

② 模型量化加速器：专门用于加速量化模型的硬件加速器，如 Google 的 Edge TPU。

③ 模型加速库：使用高效的库，如 TensorRT、NNAPI 等，优化和加速深度学习模型的推理过程。

经模型轻量化后的模型具备以下特点。

① 小型化：通过模型压缩和结构设计，减小模型的体积，便于在资源受限的设备上部署。

② 高效性：轻量化模型具有较低的计算复杂度和内存占用，可以在边缘设备上实现高效的实时推理。

③ 低功耗：由于轻量化模型的计算量减小，能够在低功耗的设备上运行，延长设备的电池寿命。

④ 高性价比：轻量化模型的推理速度较快，能够在资源受限的设备上实现较好的性能，具有较高的性价比。

综上所述，深度学习模型轻量化是通过模型压缩、结构设计和硬件加速等方法，减小模型的体积和计算复杂度，以适应资源受限的设备，并实现高效的推理。

2. AMCT 量化功能实战

（1）使用 AMCT 量化 ResNet-50 模型

下面以 Caffe 框架 ResNet-50 模型为例，演示如何借助 AMCT 进行命令行方式的量化。

① 通过昇腾社区获取 AMCT 软件包，并完成安装。

在任意路径执行 amct_caffe calibration --help 命令，若回显参数信息，则说明 AMCT 能正常使用。

② 准备要进行量化的模型文件 *.prototxt、权重文件 *.caffemodel，以及与模型匹配的二进制数据集上传到 AMCT 所在的 Linux 服务器。

首先，创建一个用来存储该模型的文件夹，并打开该文件夹。

```
mkdir caffe_model
cd caffe_model
```

然后，通过以下命令下载预训练模型：权重文件（resnet50.caffemodel）和模型文件（resnet50.prototxt）。

```
wget https://modelzoo***-atc.obs.cn-north-4.myhuaweicloud.com/
003_Atc_Models/AE/ATC%20Model/resnet50/resnet50.prototxt
```

③ 执行如下命令进行训练后量化。

```
amct_caffe calibration
--model = ./model/ResNet-50-deploy.prototxt
--weights = ./model/ResNet-50-model.caffemodel
--save_path = ./out/Resnet-50
--input_shape = "data:1,3,224,224"
--data_dir = "./dataset"
--data_types="float32"
```

参数解释如下。

- --model：原始网络模型文件路径与文件名。
- --weight：原始网络模型权重文件路径与文件名。
- --save_path：量化后模型的存储路径。
- --input_shape：指定模型输入数据的形状。
- --data_dir：二进制数据集路径。
- --data_types：输入数据的类型。

④ 量化完成后，在 save_path 参数指定路径./out/Resnet-50 下可以查看量化后的模型。

⑤ 用户使用上述量化后的模型，借助 ATC 工具转成适配昇腾 AI 处理器的 om 模型，然后在安装昇腾 AI 处理器的服务器完成推理业务。

（2）使用 AMCT 工具量化 YOLOv3 模型

① 下载原始模型

在口罩识别 YOLOv3 项目中，可以取到基于 TensorFlow 的 YOLOv3 的原始网络模型，本次就针对这个模型进行量化操作。

首先，根据文档 AMCT 工具文档安装好量化工具，并进行环境准备，下载量化样例工程。

② 量化准备

模型准备：将准备好的待量化的 yolov3 的模型放到 yolo_v3/model 文件夹下。

数据集准备：使用 AMCT 对模型完成量化后，对模型进行推理，以测试量化数据的精度。推理过程需要使用和模型相匹配的数据集。将相应的图像重命名为"detection.jpg"，然后将图像放到 data 目录下。

校准集准备：校准集用来产生量化因子，保证精度。计算量化参数的过程称为"校准"。校准过程需要使用一部分测试图像来针对性计算量化参数，使用一个或多个 batch 对量化后的网络模型进行推理即可完成校准。请将相应的校准数据图像命名为"calibration.jpg"，然后将图像放到"data"目录下。

③ 量化过程

在当前目录执行如下命令运行示例程序。

```
python3.7.5 ./src/yolo_v3_calibration.py
```

若出现如下信息则说明模型量化成功。

```
quantize model success
save model success
```

④ 量化结果

量化成功后，在当前目录下会生成量化日志文件 ./amct_log/amct_tensorflow.log 和 outputs 文件夹，该文件夹内包含以下内容。

- config.json: 量化配置文件，描述了如何对模型中的每一层进行量化。
- record.txt: 量化因子记录文件，记录量化因子。关于该文件的原型定义请参见量化因子记录文件说明。
- yolo_v3_quant.json: 量化信息文件，记录了量化模型同原始模型节点的映射关系，用于将量化后的模型同原始模型精度比对使用。
- yolo_v3_quantized.pb: 量化模型，可在 TensorFlow 环境进行精度仿真并可在昇腾 AI 处理器部署。

⑤ 结果对比

在同样的口罩识别样例中，先后用量化前后的两个模型得到的推理耗时对比如图 7-30 所示。

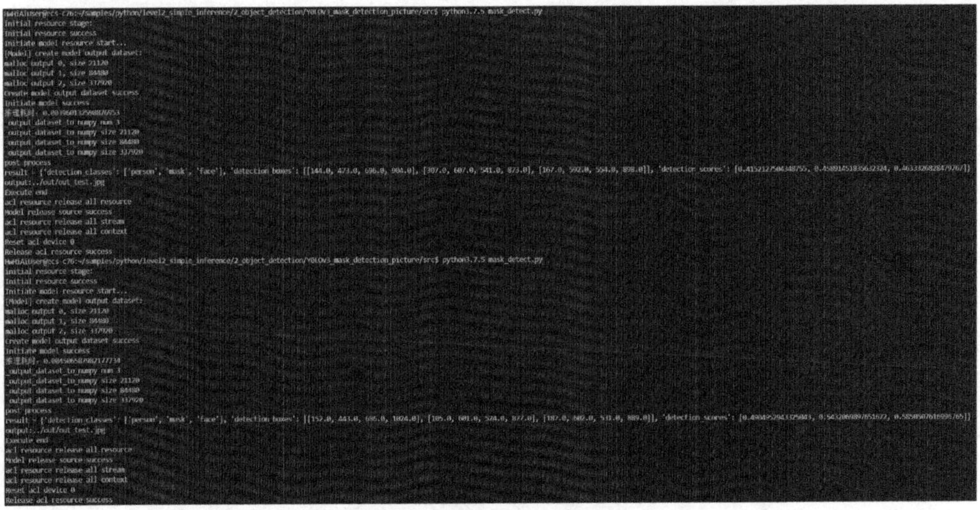

图 7-30　推理耗时结果对比

3．AMCT Python API 调用实战

下面介绍 Caffe 框架下通过 Python API 接口方式实现的各种功能。

（1）训练后量化

训练后量化代码示例如下。

① 导入 AMCT 包。
```
import amct_caffe as amct
```
② 调用 AMCT，量化模型。

③ 解析用户模型，生成量化配置文件。
```
amct.create_quant_config (config_json_file,
                         args.model_file,
                         args.weights_file,
                         skip_layers, batch_num)
```
④ 初始化 AMCT，读取用户量化，配置文件、解析用户模型文件、生成用户内部修改模型的 Graph IR。
```
scale_offset_record_file = 'tmp/scale_offset_record.txt'
graph = amct.init
 (config_json_file, args.model_file, args.weights_file, scale_offset_record_file)
```
⑤ 执行图融合、执行权重离线量化，以及插入数据量化层得到校准模型，从而在后续校准推理过程中执行数据量化动作。
```
modified_model_file = 'tmp/modified_model.prototxt'
modified_weights_file = 'tmp/modified_model.caffemodel'
amct.quantize_model (graph, modified_model_file, modified_weights_file)
```
⑥ 校准模型推理，完成数据量化（借助用户原始 Caffe 环境）。
```
run_caffe_model (modified_model_file, modified_weights_file, batch_num)
```
⑦ 量化后图优化动作，并保存得到最终的量化部署模型（deploy）和量化仿真模型（fake_quant）。
```
result_path = 'results/%s' % (args.model_name)
amct.save_model (graph, 'Both', result_path)
```

（2）量化感知训练

量化感知训练代码示例如下。

① 导入 AMCT 包。
```
import amct_caffe as amct
```
② 调用 AMCT，量化模型。

③ 解析用户模型，生成量化配置文件。
```
config_file = './tmp/config.json'
amct.create_quant_retrain_config (config_file = config_file,
                                  model_file = ori_model_file,
                                  weights_file = ori_weights_file)
```
④ 修改模型，插入伪量化层并存为新的模型文件。
```
amct.create_quant_retrain_model (model_file = ori_model_file,
```

```
                            weights_file = ori_weights_file,
                            config_file = config_file,
                            modified_model_file = modified_model_file,
                            modified_weights_file = modified_weights_file,
                            scale_offset_record_file = scale_offset_record_file)
```

⑤ 修改后的模型，创建反向梯度，在训练集上做训练，训练量化因子（借助用户原始 Caffe 环境）。

```
user_train_model(modified_model_file, modified_weights_file, train_data)
```

⑥ 保存模型。

```
quant_model_path = './result/user_model'
amct.save_quant_retrain_model(retrained_model_file = retrained_model_file,
                              retrained_weights_file = retrained_weights_file,
                              save_type = save_type,
                              save_path = save_path,
                              scale_offset_record_file = scale_offset_record_file,
                              config_file = config_file)
```

（3）张量分解

张量分解代码示例如下。

① 导入 AMCT 相关模块。

```
from amct_caffe.tensor_decompose import auto_decomposition
```

② 调用接口执行张量分解。

```
auto_decomposition(model_file = model_file, weights_file = weights_file,
new_model_file = new_model_file, new_weights_file = new_weights_file)
```

③ 对分解后的模型进行 finetune，输出最终分解后的模型。

7.3 模型进阶开发探索

7.3.1 自定义算子实例：以 BatchNorm 算子为例

本节以 BathNorm 算子为例，介绍 CANN 算子开发的流程。本小节将使用 MindStudio 作为 IDE，TBE DSL 为开发方式进行实现。

1．算子开发流程

本节将基于 MindStudio 工具进行自定义算子开发。基于 MindStudio 开发

TensorFlow 算子流程如图 7-31 所示。全新开发指 CANN 算子库中不包含相应的算子，需要先完成自定义算子的开发，再进行第三方框架的适配。

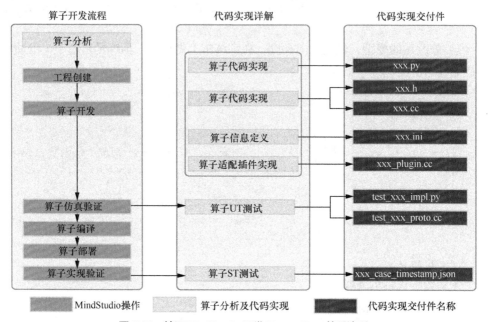

图 7-31 基于 MindStudio 开发 TensorFlow 算子流程

（1）算子分析：确定算子功能、输入、输出、算子开发方式、算子 OpType 及算子实现函数名称等。

（2）创建算子工程：通过 MindStudio 创建 TBE 算子工程，创建完成后，会自动生成算子工程目录及相应的文件模板，开发人员可以基于这些模板进行算子开发。

（3）算子开发。

① 算子代码实现：描述算子的实现过程。

② 算子原型定义：算子原型定义规定了在昇腾 AI 处理器上可运行算子的约束，主要包含定义算子输入、输出、属性和取值范围，基本参数的校验和 shape 的推导，原型定义的信息会被注册到 GE 的算子库中。网络运行时，GE 会调用算子库的校验接口进行基本参数的校验，校验通过后，会根据原型库中的推导函数推导每个节点的输出形状与数据类型，进行输出张量的静态内存的分配。

③ 算子信息库定义：算子信息配置文件用于将算子的相关信息注册到算子信息库中，包括算子的输入输出数据类型、格式以及输入形状信息。网络运行时，FE 会根

据算子信息库中的算子信息做基本校验，判断是否需要为算子插入合适的转换节点，并根据算子信息库中信息找到对应的算子实现文件进行编译，生成算子二进制文件进行执行。

④ 算子适配插件实现：基于第三方框架（TensorFlow/ONNX/Caffe）进行自定义算子开发的场景，开发人员完成自定义算子的实现代码后，需要进行插件的开发，将基于第三方框架的算子映射成适配昇腾 AI 处理器的算子，将算子信息注册到 GE 中。在基于第三方框架的网络运行时，首先会加载并调用 GE 中的插件信息，将第三方框架网络中的算子进行解析并映射成昇腾 AI 处理器中的算子。

（4）UT：仿真环境下验证算子实现的功能正确性，包括算子逻辑实现代码及算子原型定义实现代码。

（5）算子编译：将算子插件实现文件编译成算子插件，算子原型定义文件编译成算子库，算子信息定义文件编译成算子信息库。

（6）算子部署：将算子实现文件、编译后的算子插件、算子库和算子信息库部署到昇腾 AI 处理器算子库，为后续算子在网络中运行构造必要条件。

（7）PyTorch 适配：昇腾 AI 处理器具有内存管理、设备管理和算子调用实现功能。PyTorch 算子适配根据 PyTorch 原生结构进行昇腾 AI 处理器扩展。

（8）系统测试：可以自动生成测试用例，在真实的硬件环境中验证算子实现代码的功能正确性。

2. DSL 算子基本概念

为了方便开发人员进行自定义算子开发，TBE 提供了一套计算接口供开发人员用于组装算子的计算逻辑，这套计算接口称之为 DSL。基于 DSL 开发的算子，可以直接使用 TBE 提供的 Auto Schedule 接口，自动完成调度过程，省去最复杂的调度编写过程。

TBE DSL 算子的功能框架如图 7-32 所示。

开发人员调用 TBE 提供的 DSL 接口进行计算逻辑的描述，指明算子的计算方法和步骤。计算逻辑开发完成后，开发人员可调用 Auto Schedule 接口，启动自动调度。自动调度时，TBE 会根据计算类型自动选择合适的调度模板，完成数据切块和数据流向的划分，确保在硬件执行上达到最优。Auto Schedule 接口调度完成后，会生成类似于 TVM IR 的中间表示。编译优化（Pass）会对算子生成的 IR 进行编译优化，优化的方式有双缓冲、流水线同步、内存分配管理、指令映射、分块适配矩阵计算单元等。算子经编译优化处理后，由代码生成模块生成类 C 代码的临时文件，这个临时代码文件可通过编译器生成算子的实现文件，可被网络模型直接加载调用。

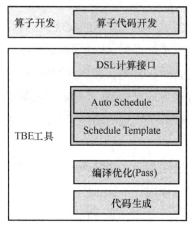

图 7-32　TBE DSL 算子的功能框架

3．算子分析

使用 TBE DSL 方式开发 BathNorm 算子前，需要确定算子功能、输入、输出，算子开发方式、算子类型，以及算子实现函数名称等。算子分析流程如图 7-33 所示。

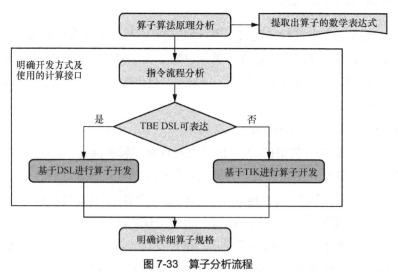

图 7-33　算子分析流程

BatchNorm 算子的实现分为训练时的计算逻辑实现与推理时的计算逻辑实现。

（1）训练时，以一个 mini-batch 长度的输入数据为计算基本单元进行归一化处理。BatchNorm 训练时的计算逻辑如图 7-34 所示。

Algorithm 1 BatchNormalization
input : Value of x over a mini-Batch: $B = \{x_{1...m}\}$
　　　　　 parameters to be learned γ, β
output: $y_i = BN_{\gamma,\beta}(x_i)$

$\mu_B = \frac{1}{m}\sum_{i=1}^{m} x_i$

$\sigma_B^2 = \frac{1}{m}\sum_{i=1}^{m}(x_i - \mu_B)^2$

$\hat{x}_i = \frac{x_i - \mu_B}{\sqrt{\sigma_B^2 + \epsilon}}$

$y_i = \gamma\hat{x}_i + \beta \equiv BN_{\gamma,\beta}(x_i)$

图 7-34　BatchNorm 训练时的计算逻辑

（2）推理时，以实际输入长度的数据为计算单位进行归一化处理。

而 TBE DSL 可以为 BatchNorm 算子的开发提供以下接口。

- tbe.dsl.vadd：两个张量按元素相加。
- tbe.dsl.vadds：将张量中每个元素加上标量。
- tbe.dsl.vsqrt：张量中的每个元素取平方根。
- tbe.dsl.vsub：两个张量按元素相减。
- tbe.dsl.vdiv：两个张量按元素相除。
- tbe.dsl.vmul：两个张量按元素相乘。
- tbe.dsl.vmuls：将 raw_tensor 中每个元素乘以标量 scalar。

上述接口满足 BatchNorm 算子的实现要求，故可以使用 TBE DSL 方式进行算子实现。

4．MindStudio 创建 TensorFlow TBE 算子工程

（1）进入算子工程创建界面

首次登录 MindStudio：在"MindStudio"欢迎界面中单击"New Project"，进入创建工程界面。非首次登录 MindStudio：在顶部菜单栏中依次选择"File > New> Project"，进入创建工程界面。创建工程界面如图 7-35 所示。

（2）创建算子工程

在左侧导航栏选择"Ascend Operator"，在右侧配置算子工程信息，工程信息配置示例如表 7-9 所示。创建算子工程界面如图 7-36 所示。

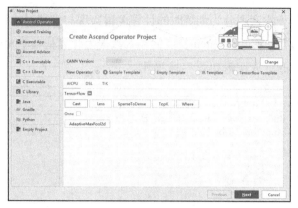

图 7-35 创建工程界面

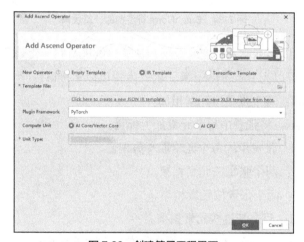

图 7-36 创建算子工程界面

表 7-9 工程信息配置

参数	参数说明	示例
Name	工程名称，用户自行配置。 名称必须以字母开头，以数字或字母结尾，只能包含字母、数字、中划线和下划线，且长度不能超过 64 个字符	MyOperator
Description	工程描述信息，自行配置	可选配置
CANN Version	当前 CANN 的版本号	选择当前 CANN 的版本号
Project Location	工程的存储路径	保持默认

单击"Next"，在弹出的页面中配置算子相关信息，如表 7-10 所示。

表 7-10 算子信息配置

参数	参数说明	示例
New Operator（算子创建方式）		
Sample Template	表示基于样例创建算子工程。 选择此选项，下方显示 AICPU、DSL、TIK 三种算子实现方式。每种实现方式按照 AI 框架分类提供了算子样例，供用户选择。用户可以选择一个实现方式下的、一个 AI 框架中的一个或多个算子创建算子工程 AICPU：AI CPU 算子样例。 DSL：基于 DSL 方式实现的 TBE 算子样例。 TIK：基于 TIK 方式实现的 TBE 算子样例	四选一，当前默认选择"Sample Template"
Empty Template	表示创建空的算子工程。 选择此选项，下方会显示"Operator Type"配置项，请在此处输入需要创建的算子的类型，请根据算子分析的结果进行配置	
IR Template	表示基于 IR 定义模板创建算子工程。IR 定义模板文件有 json 和 Excel 两种格式。 选择此选项，下方会显示"Template File"配置项，用户需要选择 IR 原型定义文件	
TensorFlow Template	表示基于 TensorFlow 原型定义创建算子工程。 选择此方式创建算子工程，请先在安装 MindStudio 的服务器中下载 TensorFlow 源码。选择此选项后，下方会出现详细配置栏。 Operator Path：请选择 TensorFlow 源码所在目录，为提升搜索效率，建议选择到 tensorflow/core/ops 目录。 Operator Type：请配置为需要创建算子的 Op Type	
Plugin Framework	算子所在模型文件的框架类型。选择"Sample Template"创建算子工程时不显示此配置项。 ① MindSpore ② PyTorch ③ TensorFlow ④ Caffe ⑤ ONNX Caffe 不支持 TensorFlow Template 创建算子工程	MindSpore
Compute Unit	有以下两种选项，选择"Sample Template"创建算子工程时不显示此配置项。 ① AI Core/Vector Core：算子运行在 AI Core 或者 Vector Core 上，代表 TBE 算子。 ② AI CPU：算子运行在 AI CPU 上，代表 AI CPU 算子。 "Plugin Framework"选择"MindSpore"，仅支持选择"AI Core/Vector Core"	AI Core/Vector Core
Unit Type	当"Compute Unit"选择"AI Core/Vector Core"时显示此配置项。 当选择"Sample Template"创建算子工程时不显示此配置项。 "Plugin Framework"选择"MindSpore"时不显示此配置项	请根据实际昇腾 AI 处理器版本下拉选择算子计算单元

单击"Finish",完成算子工程的创建。

(3)查看算子工程目录结构和主要文件

框架为 TensorFlow、PyTorch、ONNX、Caffe 时的工程目录结构和主要文件如下。

```
├── custom.proto        // 原始框架为 Caffe 的自定义算子的 proto 定义文件
├── build.sh            // 工程编译入口脚本
├── cpukernel           // AI CPU 算子实现文件及信息库文件所在目录
│   ├── impl                    // 存储算子实现文件 xx.h 与 xx.cc
│   ├── op_info_cfg
│       ├── aicpu_kernel
│           ├── xx.ini  // 算子信息库定义文件 xx.ini
├── framework           // 算子插件实现文件目录,框架为"PYTORCH"的算子不需要关注
│   ├── CMakeLists.txt
│   ├── caffe_plugin        // Caffe 算子适配插件实现代码及 CMakeLists 文件所在目录
│   │   ├── CMakeLists.txt
│   │   ├── xx_plugin.cc
│   ├── tf_plugin           // TensorFlow 算子适配插件实现代码及 CMakeLists 文件所在目录
│   │   ├── CMakeLists.txt
│   │   ├── xx_plugin.cc
│   ├── onnx_plugin         //ONNX 算子适配插件实现代码及 CMakeLists 文件所在目录
│   │   ├── CMakeLists.txt
│   │   ├── xx_plugin.cc
│   ├── tf_scope_fusion_pass    // Parser Scope 融合规则实现代码及 CMakeLists 文件所
│                               // 在目录
│       ├── xx_pass.h
│       ├── xx_pass.cc
│       ├── CMakeLists.txt
├── op_proto            // 算子原型定义文件及 CMakeLists 文件所在目录
│   ├── xx.h
│   ├── xx.cc
│   ├── CMakeLists.txt      // 算子 IR 定义文件的 CMakeLists.txt,会被算子工程的
│                           // CMakeLists.txt 调用
├── tbe
│   ├── CMakeLists.txt
│   ├── impl            // 算子实现文件目录
│   │   ├── xx.py
│   │   ├── __init__.py         // Python 中的 package 标识文件
│   ├── op_info_cfg     // 算子信息库文件目录
│   │   └── ai_core
│   │       ├── {Soc Version}           // 昇腾 AI 处理器类型
│   │           ├── xx.ini
│   ├── testcase
│       ├── tf1.15_test     // 基于 TensorFlow 1.15 的算子测试文件目录
│       │   ├── op_name                     // 单算子网络测试代码
│       │       ├── tf_xx.py
│       ├── tf2.6_test      // 基于 TensorFlow 2.6 的算子测试文件目录
```

```
|          ├── op_name                        // 单算子网络测试代码
|              ├── tf_xx.py
├── cmake
|   ├── config.cmake
|   ├── util                    // 编译相关公共文件存储目录
|       ├── makeself            // 编译相关公共文件存储目录
├── scripts         // 自定义算子工程打包相关脚本
├── tools
```

（4）设置算子工程依赖 Python 库

算子开发之前，开发人员需要设置算子工程依赖 Python 库。

① 设置全局依赖的 Python SDK：必选操作。但仅需配置一次，即对全部算子工程生效，后续创建算子工程时无须重复配置。

② 设置当前算子工程依赖的 Python SDK：必选操作。每次创建算子工程后，必须进行此步配置，仅对当前算子工程生效。

③ （可选）添加自定义 Python SDK：用户需要添加自定义 Python SDK 时配置。

设置全局依赖的 Python SDK。在工程界面中，单击菜单栏中的"File → Project Structure"，进入"Project Structure"设置页面。在左侧菜单栏中选择"Platform Settings → SDKs"，参考图 7-37 添加全局 Python 库。

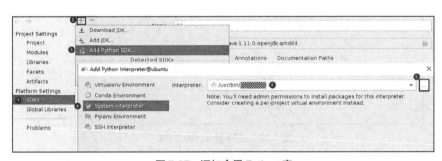

图 7-37　添加全局 Python 库

添加完成后，请确保算子开发相关 Python 库已存在，包括 te、topi 等。在 Project Structure 窗口中单击"Apply"，并单击"OK" 按钮关闭 Project Structure 窗口。

设置当前算子工程依赖的 Python SDK。若算子代码在开发过程中，自行引入了其他第三方 Python 库或自定义 Python 库，则需要在工程中添加相应的 Python sdk。在工程界面中，单击菜单栏中的"File → Project Structure"，进入 Project Structure 设置页面。在左侧菜单栏中选择"Project Settings → Project"，进行 Project 设置。在 Project SDK 中，下拉选择设置全局依赖的 Python SDK 中配置的 Python SDK，并单击"Apply"按钮。选择"Project SDK"的过程如图 7-38 所示。

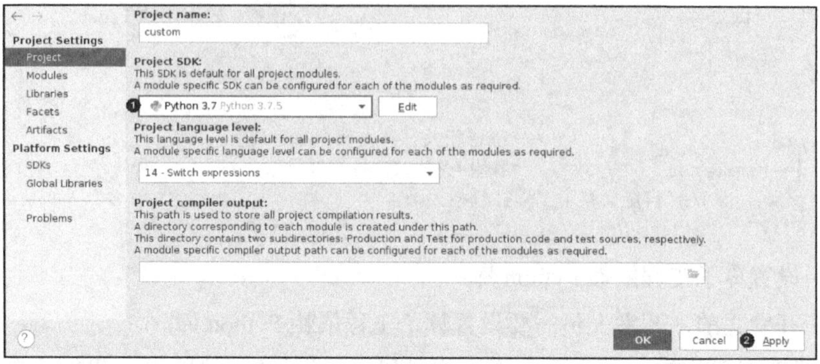

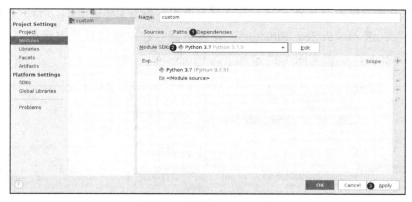

图 7-38　选择 Project SDK

在左侧菜单栏中依次选择"Project Settings → Modules",进行 Modules 设置。在"Dependencies"页签中,下拉选择设置 Python 库中配置的 Python SDK,并单击"Apply"按钮。选择"Modules SDK"如图 7-39 所示。

图 7-39　选择 Modules SDK

单击"OK"按钮,关闭 Project Structure 窗口。更新成功后,Python 代码可以实现自动解析。单击导入的 Python 模块代码,然后按 Ctrl+Q,会出现相应的 Tips。按住 Ctrl 键,单击相应 Tips 还可进入对应的模块定义文件。

添加自定义 Python SDK。若算子代码在开发过程中,引入了第三方 Python 库或自定义 Python 库,需要在工程中添加相应的 Python sdk。在工程界面中,单击菜单栏中的"File → Project Structure",进入 Project Structure 设置页面。在左侧菜单栏中选择"Platform Settings → SDKs",进行 Python SDK 设置。选择对应的 Python 库,在 Classpath 栏中单击"+",可添加自定义的 Python 库,如图 7-40 所示。需要注意的是:在新建的 Python 库中,务必确保系统默认的算子开发相关 Python 库已存在,包括 tbe，topi 等；由于"Platform Settings"页签中的 Python 库为全局配置，对所有算子工程生效。单击"OK"按钮，关闭 Project Structure 窗口。

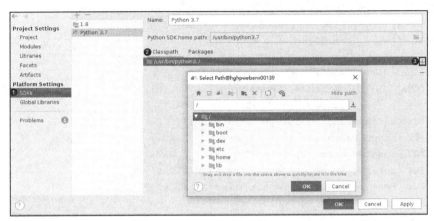

图 7-40　添加用户自定义 Python 库

算子原型定义，这里的 BatchNorm 算子原型为 TensorFlow 中的 tf.nn.batch_normalization。

```
tf.nn.batch_normalization(
    x, mean, variance, offset, scale, variance_epsilon, name=None
)
```

算子原型定义规定了在昇腾 AI 处理器上可运行算子的约束，主要包含定义算子输入、输出、属性和取值范围，基本参数的校验和 shape 的推导，原型定义的信息会被注册到 GE 的算子库中。网络运行时，GE 会调用算子库的校验接口进行基本参数的校验。校验通过后，会根据原型库中的推导函数推导每个节点的输出 shape 与 dtype，进行输出 tensor 的静态内存的分配。

开发人员进行算子原型定义开发时需要实现如下两个文件：在算子名称.h 头文件中进行算子原型的注册；在算子名称.cc 文件中进行校验函数与 shape 推导函数的实现。

（1）算子名称.h 头文件

```
/*宏定义*/
#ifndef BATCH_NORM_H
#define BATCH_NORM_H

/*包含头文件*/
#include "graph/operator_reg.h"

/*原型注册*/
```

```
/*INPUT 与.OUTPUT 分别为算子的输入、输出 Tensor 的名称与数据类型，输入输出的顺序需要与算子
代码实现函数形参顺序，以及算子信息定义中参数的顺序保持一致。*/
namespace ge {
REG_OP(BatchNorm) /*与插件适配文件中的算子类型保存一致，BatchNorm*/
  .INPUT(x, TensorType({DT_FLOAT16, DT_FLOAT}))
  .INPUT(scale, TensorType({DT_FLOAT}))
  .INPUT(offset, TensorType({DT_FLOAT}))
  .OPTIONAL_INPUT(mean, TensorType({DT_FLOAT}))
  .OPTIONAL_INPUT(variance, TensorType({DT_FLOAT}))
  .OUTPUT(y, TensorType({DT_FLOAT16, DT_FLOAT}))
  .OUTPUT(batch_mean, TensorType({DT_FLOAT}))
  .OUTPUT(batch_variance, TensorType({DT_FLOAT}))
  .OUTPUT(reserve_space_1, TensorType({DT_FLOAT}))
  .OUTPUT(reserve_space_2, TensorType({DT_FLOAT}))
  .OUTPUT(reserve_space_3, TensorType({DT_FLOAT}))
  .ATTR(epsilon, Float, 0.0001)
  .ATTR(data_format, String, "NHWC")
  .ATTR(is_training, Bool, true)
  .OP_END_FACTORY_REG(BatchNorm)
} // namespace ge
/*结束条件编译*/
#endif // BATCH_NORM_H
```

（2）算子名称.cc 文件

IR 实现的.cc 文件主要实现以下两个功能。

① 算子参数的校验，实现程序健壮性并提高定位效率，对应 Verify 函数。

② 根据算子的输入张量描述、算子逻辑及算子属性，推理出算子的输出张量描述，包括张量的形状、数据类型及数据排布格式等信息。这样，算子构图准备阶段就可以为所有的张量静态分配内存，避免动态内存分配带来的开销，对应 InferShape 函数。

Verify 函数主要校验算子的内在关联关系，例如对于多输入算子，多个 tensor 的 dtype 需要保持一致，此时需要校验多个输入的 DataType，其他情况 DataType 不需要校验。Verify 函数实现如下。

```
IMPLEMT_VERIFIER(BatchNorm, BatchNormVerify){
 if(!CheckTwoInputDtypeSame(op, "scale", "offset")){
    return GRAPH_FAILED;
  }
 return GRAPH_SUCCESS;
}
```

InferShape 流程负责推导 TensorDesc 中的 DataType 与 shape。只要全图所有首节点的 TensorDesc 确定了，就可以逐个向下传播，由算子自身实现的 shape 推导能力可

以将全图所有算子的 TensorDesc 推导出来。推导结束后，全图的 DataType 与 shape 的规格就完全连续了。InferShape 函数实现如下。

```
IMPLEMT_INFERFUNC(BatchNorm, BatchNormInferShape) {
 std::string data_format;
 if (op.GetAttr("data_format", data_format) == GRAPH_SUCCESS) {
   if (data_format != "NHWC" && data_format != "NCHW") {
     string expected_format_list = ConcatString("NHWC, NCHW");
     std::string err_msg = GetInputFormatNotSupportErrMsg
("data_format", expected_format_list, data_format);
     VECTOR_INFER_SHAPE_INNER_ERR_REPORT(op.GetName(), err_msg);
     return GRAPH_FAILED;
   }
 }
 if (!OneInOneOutDynamicInfer(op, "x", {"y"})) {
   return GRAPH_FAILED;
 }
 if (!OneInOneOutDynamicInfer(op, "scale", {"batch_mean", "batch_variance",
"reserve_space_1", "reserve_space_2"})) {
   return GRAPH_FAILED;
 }
 std::vector<int64_t> oShapeVector;
 auto op_info = OpDescUtils::GetOpDescFromOperator(op);
 auto output_desc = op_info->MutableOutputDesc("reserve_space_3");
 if (output_desc != nullptr) {
   output_desc->SetShape(GeShape(oShapeVector));
   output_desc->SetDataType(DT_FLOAT);
 }
 return GRAPH_SUCCESS;
}
// 注册 InferShape 方法和 Verify 方法。
INFER_FUNC_REG(BatchNorm, BatchNormInferShape);
VERIFY_FUNC_REG(BatchNorm, BatchNormVerify);
```

5．算子代码实现

通过调用 TBE DSL 接口，在算子工程下的"tbe/impl/batch_norm.py"文件中进行 BatchNorm 算子的实现，主要包括算子函数定义、算子入参校验、compute 过程实现及调度与编译。

（1）检查数据维度。

```
def _check_shape_dims(shape, data_format, is_x=False):
    if data_format == "NC1HWC0":
        if len(shape) != 5:
            error_detail = "The input shape only support 5D Tensor, len(
            shape)!= 5, len(shape) = %s" % len(shape)
```

```
            error_manager_vector.raise_err_input_shape_invalid ("batch_norm",
            "len(shape)", error_detail)
    elif data_format == "NDC1HWC0":
        if len(shape) != 6:
            error_detail = "The input shape only support 6D Tensor, len(
            shape) != 6, len(shape) = %s" % len(shape)
            error_manager_vector.raise_err_input_shape_invalid ("batch_norm",
            "len(shape)", error_detail)
    elif is_x:
        if len(shape) != 4:
            error_detail = "The input shape only support 4D Tensor, len(
            shape) != 4, len(shape) = %s" % len(shape)
            error_manager_vector.raise_err_input_shape_invalid ("batch_norm",
            "len(shape)", error_detail)
    else:
        if len(shape) != 1:
            error_detail = "The input shape only support 1D Tensor, len(
            shape) != 1, len(shape) = %s" % len(shape)
            error_manager_vector.raise_err_input_shape_invalid ("batch_norm",
            "len(shape)", error_detail)
```

（2）检验 BatchNorm 算子输入数据维度、数据排布格式。

```
def _shape_check (shape_x, shape_scale, shape_offset, mean, variance,
                 is_training, data_format):
    _check_shape_dims (shape_x, data_format, True)
    _check_shape_dims (shape_scale, data_format)
    _check_shape_dims (shape_offset, data_format)

    para_check.check_shape (shape_x, param_name = "x")
    para_check.check_shape (shape_scale, param_name = "scale")
    para_check.check_shape (shape_offset, param_name = "offset")
    _check_dims_equal (shape_x, shape_scale, data_format)
    _check_dims_equal (shape_x, shape_offset, data_format)

    if not is_training:
        shape_mean = mean.get ("shape")
        shape_variance = variance.get ("shape")
        para_check.check_shape (shape_mean, param_name = "mean")
        para_check.check_shape (shape_variance, param_name="variance")
        _check_shape_dims (shape_mean, data_format)
        _check_shape_dims (shape_variance, data_format)
        _check_dims_equal (shape_x, shape_mean, data_format)
        _check_dims_equal (shape_x, shape_variance, data_format)
    elif mean is not None or variance is not None:
        error_detail = "Estimated_mean or estimated_variance must be empty
        for training"
```

```
        error_manager_vector.raise_err_specific_reson("batch_norm", error_detail)
```

（3）BatchNorm 算子调用 TBE DSL 接口计算过程。

```
def _output_data_y_compute(x, mean, variance, scale, offset, epsilon):
    shape_x = shape_util.shape_to_list(x.shape)
    y_add = tbe.vadds(variance, epsilon) # 计算方差和 epsilong
    y_sqrt = tbe.vsqrt(y_add) # 开平方
    var_sub = tbe.vsub(x, mean) # x-均值
    y_norm = tbe.vdiv(var_sub, y_sqrt) # 归一化计算
    scale_broad = tbe.broadcast(scale, shape_x) # scale 广播与 shape_x 相同
    offset_broad = tbe.broadcast(offset, shape_x) # offset 广播与 shape_x 相同
    res = tbe.vadd(tbe.vmul(scale_broad, y_norm), offset_broad)
# res = scale*y_norm+offset

    return res
```

（4）BatchNorm 算子在推理时的计算逻辑实现。

```
def _fused_batch_norm_inf_compute
(x, scale, offset, mean, variance, epsilon, is_py, format_data):
    shape_x = shape_util.shape_to_list(x.shape)
    is_cast = False

    if x.dtype == "float16" and \
            tbe_platform.cce_conf.api_check_support
("te.lang.cce.vdiv", "float32"):
        is_cast = True
        x = tbe.cast_to(x, "float32")

    mean_broadcast = tbe.broadcast(mean, shape_x)
    var_broadcast = tbe.broadcast(variance, shape_x)

    res_y = _output_data_y_compute
(x, mean_broadcast, var_broadcast, scale, offset, epsilon)
    if is_cast:
        res_y = tbe.cast_to(res_y, "float16")

    if format_data == "NHWC":
        axis = [0, 1, 2]
    else:
        axis = [0, 2, 3]

    scaler_zero = 0.0
    res_batch_mean = tbe.vadds(mean, scaler_zero)
    res_batch_var = tbe.vadds(variance, scaler_zero)
    if format_data not in ("NC1HWC0", "NDC1HWC0"):
```

```
            res_batch_mean = tbe.sum(res_batch_mean, axis, False)
            res_batch_var = tbe.sum(res_batch_var, axis, False)
        res = [res_y, res_batch_mean, res_batch_var]

        if not is_py:
            res_reserve_space_1 = tbe.vadds(mean, scaler_zero)
            res_reserve_space_2 = tbe.vadds(variance, scaler_zero)
            if format_data not in ("NC1HWC0", "NDC1HWC0"):
                res_reserve_space_1 = tbe.sum(res_reserve_space_1, axis, False)
                res_reserve_space_2 = tbe.sum(res_reserve_space_2, axis, False)
            res = res + [res_reserve_space_1, res_reserve_space_2]

        return res
```

（5）BatchNorm 算子在训练时的计算逻辑实现。

```
def _fused_batch_norm_train_compute(x, scale, offset, epsilon,
                                    is_py, format_data):
    is_cast = False
    if x.dtype == "float16" and \
            tbe_platform.cce_conf.api_check_support\
("te.lang.cce.vdiv", "float32"):
        is_cast = True
        x = tbe.cast_to(x, "float32")

    shape_x = shape_util.shape_to_list(x.shape)

    if format_data == "NHWC":
        axis = [0, 1, 2]
        num = shape_x[0]*shape_x[1]*shape_x[2]
    else:
        axis = [0, 2, 3]
        num = shape_x[0]*shape_x[2]*shape_x[3]
    num_rec = 1.0/num

    # 根据 x 的维度 C 计算保存均值
    mean_sum = tbe.sum(x, axis, True)
    mean_muls = tbe.vmuls(mean_sum, num_rec)
    mean_broad = tbe.broadcast(mean_muls, shape_x)

    # 根据 x 的维度 C 计算保存方差 var
    var_sub = tbe.vsub(x, mean_broad)
    var_mul = tbe.vmul(var_sub, var_sub)
    var_sum = tbe.sum(var_mul, axis, True)
    var_muls = tbe.vmuls(var_sum, num_rec)
    var = tbe.broadcast(var_muls, shape_x)
```

```
    res_y = _output_data_y_compute(x, mean_broad, var, scale, offset, epsilon)
    if is_cast:
        res_y = tbe.cast_to(res_y, "float16")

    res_batch_mean = tbe.vmuls(mean_sum, num_rec)
    if format_data not in ("NC1HWC0", "NDC1HWC0"):
        res_batch_mean = tbe.sum(res_batch_mean, axis, False)

    if num == 1:
        batch_var_scaler = 0.0
    else:
        batch_var_scaler = float(num) / (num - 1)
    res_batch_var = tbe.vmuls(var_muls, batch_var_scaler)
    if format_data not in ("NC1HWC0", "NDC1HWC0"):
        res_batch_var = tbe.sum(res_batch_var, axis, False)

    res = [res_y, res_batch_mean, res_batch_var]
    if not is_py:
        res_reserve_space_1 = tbe.vmuls(mean_sum, num_rec)
        res_reserve_space_2 = tbe.vmuls(var_sum, num_rec)
        if format_data not in ("NC1HWC0", "NDC1HWC0"):
            res_reserve_space_1 = tbe.sum(res_reserve_space_1, axis, False)
            res_reserve_space_2 = tbe.sum(res_reserve_space_2, axis, False)
        res = res + [res_reserve_space_1, res_reserve_space_2]

    return res
```

（6）总结 BatchNorm 算子在推理和训练时的计算逻辑实现 compute 函数。

① 当参数 is_training=True 时，调用训练时的计算逻辑实现 compute 函数。

② 当参数 is_training=False 时，调用推理时的计算逻辑实现 compute 函数。

```
def batch_norm_compute
(x, scale, offset, mean, variance, y, batch_mean, batch_variance,
reserve_space_1, reserve_space_2, epsilon = 0.001, data_format="NHWC",
is_training = True, kernel_name = "batch_norm"):
    format_data = y.get("format")
    is_py = reserve_space_1 is None

    if is_training:
        res = _fused_batch_norm_train_compute
(x, scale, offset, epsilon, is_py, format_data)
    else:
        res = _fused_batch_norm_inf_compute
(x, scale, offset, mean, variance, epsilon, is_py, format_data)
```

```
    return res
```

算子定义函数的实现，声明了算子输入信息、输出信息及内核名称等信息，包含了上述的算子输入/输出/属性的校验、算子实现、调度与编译。

```
def batch_norm
(x, scale, offset, mean, variance, y, batch_mean, batch_variance,
reserve_space_1, reserve_space_2, epsilon = 0.0001, data_format =
"NHWC", is_training = True, kernel_name = "batch_norm"):
```

① 获取算子输入 tensor 与数据格式。

```
shape_x = x.get("shape")
format_data = x.get("format")
if len(shape_x) == 2:
    shape_x = list(shape_x) + [1, 1]
    format_data = "NCHW"
elif len(shape_x) == 3:
    shape_x = list(shape_x) + [1]
    format_data = "NCHW"
elif format_data == "ND":
    rest_num = functools.reduce(lambda x, y: x * y, shape_x[3:])
    shape_x = list(shape_x[:3]) + [rest_num]
    format_data = "NCHW"
shape_scale = scale.get("shape")
shape_offset = offset.get("shape")
if not is_training:
    shape_mean = mean.get("shape")
    shape_variance = variance.get("shape")

dtype_x = x.get("dtype")
dtype_scale = scale.get("dtype")
dtype_offset = offset.get("dtype")
if not is_training:
    dtype_mean = mean.get("dtype")
    dtype_variance = variance.get("dtype")
    para_check.check_dtype(dtype_mean.lower(), ("float32", "float16"),
param_name="mean")
    para_check.check_dtype(dtype_variance.lower(), ("float32", "float16"),
param_name = "variance")
```

② 检验数据是否符合规范。

```
_format_check(x, data_format)
```

③ 检验算子输入形状、数据排布格式。

```
_shape_check(shape_x, shape_scale, shape_offset, mean, variance, is_training,
format_data)
```

④ 检验算子输入类型。

```
para_check.check_dtype(dtype_x.lower(),("float16", "float32"), param_name = "x")
para_check.check_dtype (dtype_scale.lower (), ("float32", "float16"),
param_name = "scale")
para_check.check_dtype(dtype_offset.lower (), ("float32", "float16"),
param_name = "offset")
```

⑤ 根据算子输入格式定义不同参数的形状。

```
if format_data == "NHWC":
   shape_scale = [1, 1, 1] + list (shape_scale)
   shape_offset = [1, 1, 1] + list (shape_offset)
   if not is_training:
       shape_mean = [1, 1, 1] + list (shape_mean)
       shape_variance = [1, 1, 1] + list (shape_variance)
elif format_data == "NCHW":
   shape_scale = [1] + list (shape_scale) + [1, 1]
   shape_offset = [1] + list (shape_offset) + [1, 1]
   if not is_training:
       shape_mean = [1] + list (shape_mean) + [1, 1]
       shape_variance = [1] + list (shape_variance) + [1, 1]
elif format_data == "NDC1HWC0":
   shape_x = [shape_x[0] * shape_x[1], shape_x[2], shape_x[3], shape_x[4],
shape_x[5]]
   shape_scale = [shape_scale[0] * shape_scale[1], shape_scale[2],
shape_scale[3], shape_scale[4], shape_scale[5]]
   shape_offset = shape_scale
   if not is_training:
       shape_mean = [shape_mean[0] * shape_mean[1], shape_mean[2],
shape_mean[3], shape_mean[4], shape_mean[5]]
       shape_variance = [shape_variance[0] * shape_variance[1],
shape_variance[2], shape_variance[3], shape_variance[4], shape_variance[5]]
```

⑥ 使用 TVM 的 placeholder 接口对输入 tensor 进行占位，返回 tensor 对象。

```
x_input = tvm.placeholder(shape_x, name = "x_input", dtype = dtype_x.lower())
scale_input = tvm.placeholder (shape_scale, name = "scale_input",
                              dtype=dtype_scale.lower ())
offset_input = tvm.placeholder
(shape_offset, name = "offset_input", dtype=dtype_offset.lower ())
if is_training:
   mean_input, variance_input = [], []
else:
   mean_input = tvm.placeholder (shape_mean, name = "mean_input",
                                dtype = dtype_mean.lower ())
   variance_input = tvm.placeholder (shape_variance, name = "variance_input",
dtype = dtype_variance.lower ())
```

⑦ 调用 compute 实现函数。

```
res = batch_norm_compute
 (x_input, scale_input, offset_input, mean_input, variance_input, y,
 batch_mean, batch_variance, reserve_space_1, reserve_space_2, epsilon,
 data_format, is_training, kernel_name)
```

⑧ 自动调度。

```
with tvm.target.cce():
    sch = tbe.auto_schedule(res)
```

⑨ 编译配置。

```
if is_training:
    tensor_list = [x_input, scale_input, offset_input] + list(res)
else:
    tensor_list = [x_input, scale_input, offset_input,
                   mean_input, variance_input] + list(res)
config = {"name": kernel_name,
          "tensor_list": tensor_list}
tbe.cce_build_code(sch, config)
```

6．算子信息库定义

开发人员需要通过配置算子信息文件，将算子的相关信息注册到算子信息库中，算子信息库主要体现算子在昇腾 AI 处理器上的具体实现规格。针对 TBE 算子，算子信息库包括算子支持的输入输出 dtype、format 及输入 shape 等信息；针对 AI CPU 算子，算子信息库包括算子输入输出的 name，支持的 dtype、format 等信息。在网络运行时，图编译器会根据算子信息库中的算子信息做基本校验，并进行算子匹配。算子信息库文件如下。

```
[BatchNorm]
inpute.name = x
input0.dtype = float16,float16,float,float
input0.format = ND,NC1HWC0,ND,NC1HWC0
input0.paramType = required
input1.name = scale
input1.dtype = float,float,float,float
input1.format = ND,NC1HWC0,ND,NC1HWC0
input1.paramType = required
input2.name = offset
input2.dtype = float,float,float,float
input2.format = ND,NC1HWC0,ND,NC1HWC0
input2.paramType = required
input3.name = mean
input3.dtype = float,float,float,float
input3.format = ND,NC1HWC0,ND,NC1HWC0
input3.paramType = optional
input4.name = variance
```

```
input4.dtype = float,float,float,float
input4.format = ND,NC1HWC0,ND,NC1HWC0
input4.paramType = optional
attr.list = epsilon,data format,is training
attr_epsilon.type = float
attr_epsilon.value = all
```

7. 算子适配插件实现

开发人员需要进行算子适配插件的开发，实现将 TensorFlow 网络中的算子进行解析并映射成昇腾 AI 处理器中的算子。MindStudio 在"framework/tf_plugin/tensorflow_batch_norm_plugin.cc"文件已自动生成了 BatchNorm 算子的插件代码。

首先，包含头文件，具体如下。

```
// 包含该头文件，可使用算子注册类相关，调用算子注册相关的接口，为 Ascend-cann-toolkit 安装
// 目录/ascend-toolkit/latest/compiler/include/register/register.h 文件
#include "register/register.h"
```

然后，进行插件注册，具体如下。

```
namespace domi{
REGISTER_CUSTOM_OP ("BatchNorm")
.FrameworkType (TENSORFLOW)
.OriginOpType ({"FusedBatchNormV3","FusedBatchNorm","FusedBatchNormV2"})
.ParseParamsByOperatorFn (AutoMappingFn)
.DelInputWithCond (3, "is_training", true)
.DelInputWithCond (4, "is_training", true)
.ImplyType (ImplyType::TVM);
}
```

上述代码中关键参数如下。

① REGISTER_CUSTOM_OP：算子注册到 GE 的算子类型，根据算子分析，算子类型为"BatchNorm"。

② FrameworkType：TENSORFLOW，表示原始框架类型为 TensorFlow。

③ OriginOpType：算子在 TensorFlow 框架中的类型。

④ ParseParamsByOperatorFn：用来注册解析模型的函数。这里使用 AutoMappingFn 函数自动实现解析。

⑤ ImplyType：指定算子的实现方式。代码中的 ImplyType::TVM 表示该算子是 TBE 算子，这里需要手动添加。

8. 算子 UT

（1）基本概念

MindStudio 提供了基于 gtest 框架的新的 UT 测试方案，简化了开发人员开发 UT

测试用例的复杂度。UT 是开发人员进行单算子运行验证的手段之一，主要目的是测试算子代码的正确性，验证输入输出结果与设计的一致性；UT 侧重于保证算子程序能够跑通，选取的场景组合应能覆盖算子代码的所有分支（一般来说覆盖率要达到100%），从而降低不同场景下算子代码的编译失败率。执行单算子实现代码的测试用例如图 7-41 所示。

图 7-41　执行单算子实现代码的测试用例

（2）操作步骤

① 开发人员可以执行当前工程中所有算子的 UT 测试用例，也可以执行单个算子的 UT 测试用例。使用鼠标右键单击 "testcases/ut/ops_test/算子名称" 文件夹，选择 Run TBE Operator'算子名称'UT Impl with coverage，执行单个算子实现代码的测试用例。

② 第一次运行时弹出 UT 配置窗口，请参考表 7-11 完成配置，然后单击 Run。第二次执行 UT 文件不弹出运行配置，若需改配置，在顶部选择更改的文件，单击 Edit Configurations 即可修改。

表 7-11 运行配置信息

参数	参数说明
Name	运行配置名称，用户可以自定义
Test Type	选择 ut_impl
Compute Unit	选择计算单元 a）AI Core/Vector Core b）AI CPU 选择不同的计算单元可以实现 AI Core/Vector Core 和 AI CPU UT 测试配置界面的切换
SoC Version	下拉选择当前版本的昇腾 AI 处理器类型
Target	运行环境。 a）Simulator_Function：功能仿真环境。 b）Simulator_TMModel：快速展示算子执行的调度流水线，不进行实际算子计算
Enable Advisor	开启专家系统。 当 Target 为 Simulator_TMModel 时，可以对单测试用例性能进行专家系统分析
Operator Name	选择运行的测试用例。 a）all 表示运行所有用例。 b）其他表示运行某个算子下的测试用例
Case Names	勾选需要运行的测试用例，即算子实现代码的 UT Python 测试用例。支持全选和全不选所有测试用例

③ 查看运行结果。运行完成后，通过界面下方的"Run"日志打印窗口查看运行结果。若配置算子期望函数"calc_expect_func": calc_expect_func，运行成功后，日志会打印对比结果，具体如下。

- Error count：误差大于绝对容忍率（atol）的数量。
- Max atol error count：误差大于（期望值 * 最大容忍率（max_atol））的数量。
- Threshold count（rtol * data_size）：允许超过自定义精度的最大错误（相对容忍率（rtol）* tensor 元素数量）数量。

测试结果：

- Max atol error count > 0：UT 测试失败。
- Error count>Threshold count：UT 测试失败。

在"Run"窗口中单击"index.html"的 URL（URL 中的 localhost 为 MindStudio 安装服务器的 IP 地址，建议直接单击打开），查看 UT 测试用例的覆盖率结果。

在"html"页面中单击对应算子，进入 UT 用例覆盖率详情页面，UT 代码覆盖如图 7-42 所示，通过绿色和红色（软件界面显示的颜色）标签区分是否覆盖。

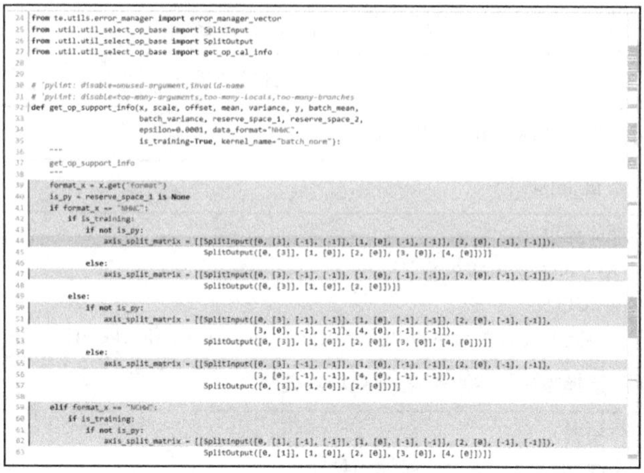

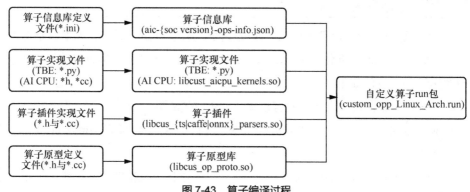

图 7-42　UT 代码覆盖

9. 算子工程编译

算子交付件开发完成后，需要对算子工程进行编译，生成自定义算子安装包 custom_opp_Linux_Arch.run。算子编译过程如图 7-43 所示，详细的编译操作如下：

图 7-43　算子编译过程

（1）将算子信息库定义文件*.ini 编译成算子信息库*.json；

（2）针对 AI CPU 算子，将算子实现文件*.h 与*.cc 编译为动态库文件 libcust_aicpu_kernels.so；

（3）将算子插件实现文件*.h 与*.cc 编译成算子插件 libcust_{tf|caffe|onnx}_parsers.so；

（4）将算子原型定义文件.h 与*.cc 编译成算子库 libcust_op_proto.so。

在 MindStudio 工程页面，选中"算子工程"，单击顶部菜单栏的"Build > Edit

Build Configuration…"。进入编译配置页面。单击" + "添加新增配置,默认添加编译类型"Release(default)",请参考表 7-12 进行编译配置。编译配置页面如图 7-44 所示。

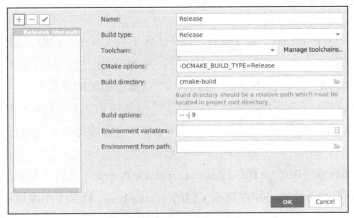

图 7-44 编译配置页面

表 7-12 编译配置参数说明

参数	参数说明
Name	配置名称自定义,默认为 Release
Build type	配置类型,可选,默认为 Release
Toolchain	工具链配置器,根据已安装的 CANN 包预置架构一致的自定义 Toolchain,支持本地和远程编译功能。 可单击"Manage toolchains…"自定义配置 Toolchain,配置详情请参见 Toolchains
CMake options	CMake 选项,默认:"-DCMAKE_BUILD_TYPE=Release"
Build directory	编译目录相对路径,该路径是相对于工程目录的路径
Build options	编译加速选项
Environment variables	环境变量配置:支持编译前配置环境变量。 可直接手动配置或单击" "符号,在弹出窗中配置管理
Environment from path	输入路径或单击右侧" ",选择环境变量配置文件。配置文件以单行<变量名>=<变量值>方式填写,保存为文件,如: APATH=/usr/local/xxx X_PATH=/xxx/xxx

若选用远程 Toolchain，将默认添加一个 Deployment，用户需要配置环境变量。在 Environment Variables 输入框中输入环境变量。

ASCEND_TENSOR_COMPILER_INCLUDE：CANN 软件头文件所在路径。

```
ASCEND_TENSOR_COMPILER_INCLUDE = Ascend-cann-toolkit 安装目录/ascend-toolkit/latest/include
```

ASCEND_OPP_PATH：用于查找 AI CPU 算子头文件所在的路径编。

```
ASCEND_OPP_PATH = Ascend-cann-toolkit 安装目录/ascend-toolkit/latest/opp
```

ASCEND_AICPU_PATH：用于查找 AI CPU 算子相关的静态库。

```
ASCEND_AICPU_PATH = Ascend-cann-toolkit 安装目录/ascend-toolkit/latest
```

AICPU_KERNEL_TARGET：AI CPU 算子实现文件编译生成的动态库文件名称。

```
AICPU_KERNEL_TARGET = cust_aicpu_kernels_3.3.0
```

单击 图标或 "Build > Build Ascend Operator Project" 进行工程编译。在界面最下方的窗口查看编译结果，并在算子工程的 cmake-build 目录下生成自定义算子安装包 custom_opp_Linux_Arch.run。其中 Arch 的取值根据安装的 CANN 包和 Toolchain 的信息获取。

10. 算子部署

算子部署指的是将算子实现文件、编译后的算子插件、算子库和算子信息库部署到昇腾 AI 处理器算子库，为后续算子在网络中运行构造必要条件。算子部署的流程如下。

在 MindStudio 工程界面，选中算子工程。单击顶部菜单栏的 "Ascend > Operator Deployment"，进入算子打包部署界面。选择 Operator Deploy Remotely 选项，配置环境变量。配置方式有两种。

方法 1：在昇腾 AI 处理器所在硬件环境 Host 侧配置环境变量。

MindStudio 使用 Host 侧的运行用户在 Host 侧进行算子部署，进行算子部署执行前，需要在 Host 侧进行环境变量的配置。

以运行用户在 Host 侧的 $HOME/.bashrc 文件中配置如下环境变量。

```
export ASCEND_OPP_PATH = Ascend-cann-toolkit 安装目录/ascend-toolkit/latest/opp
```

Ascend-cann-toolkit 安装目录/ascend-toolkit/latest 为 OPP 组件（算子库）的安装路径，请根据实际情况配置。然后执行以下命令使环境变量生效。

```
source ~/.bashrc
```

方法 2：在"Environment Variables"中添加环境变量。

可以在"Environment Variables"中直接输入 ASCEND_OPP_PATH = Ascend-cann-toolkit 安装目录/ascend-toolkit/latest/opp。

"Ascend-cann-toolkit 安装目录/ascend-toolkit/latest"为 OPP 组件（算子库）的安装路径，请根据实际情况配置。也可以单击文本框后的图标，在弹出的对话框中填写。

① 在 Name 中输入环境变量名称：ASCEND_OPP_PATH。

② 在 Value 中输入环境变量值：Ascend-cann-toolkit 安装目录/ascend-toolkit/latest/opp。

选择指定的算子库 OPP 包。在"Operator Package"中选择指定的算子库 OPP 包目录。选择算子部署的目标服务器，单击"Operator deploy"。算子部署过程即算子工程编译生成的自定义算子安装包的安装过程，部署完成后，算子被部署在 Host 侧算子库 OPP 对应文件夹中，若不选择指定的算子库 OPP 包则默认路径为 /usr/local/Ascend/opp/。在下方"Output"页签出现如下信息，代表自定义算子部署成功。算子部署日志打印如图 7-45 所示。

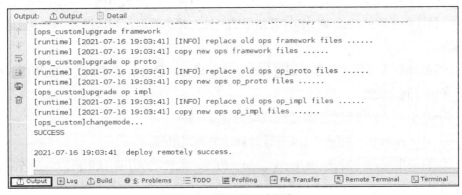

图 7-45　算子部署日志打印 7

主机侧自定义算子部署完成后的目录结构示例如下所示。

```
├── opp           // 算子库目录
│   ├── vendors       // 自定义算子所在目录
│   │   ├── config.ini      // 自定义算子优先级配置文件
│   │   ├── vendor_name1    // 存储对应厂商部署的自定义算子，此名字为编译自定义算子安装
│   │   │                   // 包时配置的 vendor_name，若未配置，默认值为 customize
│   │   │   ├── op_impl
│   │   │   │   ├── ai_core
│   │   │   │   │   ├── tbe
```

```
              ├── config
              │   ├── aic_ops_info.json       // 自定义算子信息库文件
              ├── vendor_name1_impl           // 自定义算子实现代码文件
              │   ├── add.py
          ├── cpu
              ├── aicpu_kernel/
              │   ├── vendor_name1_impl       // 自定义算子实现代码文件
              │       ├── libcust_aicpu_kernels.so
              ├── config
                  ├── cust_aicpu_kernel.json  // 自定义算子信息库文件
          ├── vector_core      // 此目录预留,不需要关注
      ├── framework
          ├── caffe            // 存储 Caffe 框架的自定义算子插件库
          ├── onnx             // 存储 ONNX 框架的自定义算子插件库
          ├── tensorflow       // 存储 TensorFlow 框架的自定义算子插件库
              ├── libcust_tf_parsers.so
              ├── npu_supported_ops.json    // Ascend 910 场景下使用的文件
      ├── op_proto
          ├── libcust_op_proto.so           // 自定义算子库文件
```

11. 算子系统测试

(1) 概述

MindStudio 提供了新的系统测试框架,可以自动生成测试用例,在真实的硬件环境中,验证算子功能的正确性和计算结果准确性,并生成运行测试报告,内容包括以下部分。

① 编译算子工程并将算子部署到算子库,最后在硬件环境中执行测试用例,验证算子运行的正确性。

② 基于算子信息库生成算子测试用例定义文件。

③ 基于算子测试用例定义文件设计算子的测试用例。

④ 自动生成运行报表(st_report.json)功能,报表记录了测试用例信息及各阶段运行情况。

⑤ 根据用户定义并配置的算子期望数据生成函数,回显期望算子输出和实际算子输出的对比测试结果,验证计算结果的准确性。

(2) ST 操作流程

创建 ST 用例,有 3 种方式。

① 右键单击算子工程根目录,选择"New Cases > ST Case"。

② 右键单击算子信息定义文件创建 ST 用例。

TBE 算子:{工程名}/tbe /op_info_cfg/ai_core/{SoC version} /xx.ini,选择"New

Cases > ST Case"。

AI CPU 算子：{工程名}/cpukernel/op_info_cfg/aicpu_kernel/xx.ini，选择"New Cases > ST Case"。

③ 若已经存在了对应算子的 ST Case，可以右键单击"testcases"目录，或者"testcases > st"目录，选择"New Cases > ST Case"，追加 ST 用例。

在工程目录 testcases→st→batch_norm→{SoC Version}→xxx.json 下，找到保存的 ST 用例定义文件，右键单击选择"Run ST Case 'xxx.json'"，首次执行时，会弹出配置窗口中进行 ST 用例运行配置。第一次打开 ST 配置窗口如图 7-46 所示。

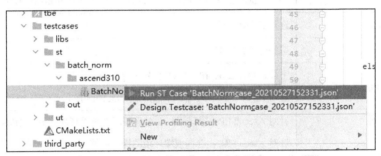

图 7-46　第一次打开 ST 配置窗口

执行 ST 用例，其中在 Advanced options 下勾选 Enable Profiling，可获取算子在昇腾 AI 处理器上的性能数据，该功能需要将运行环境中的 msprof 工具所在路径配置到 PATH 环境变量中，可在 .bashrc 文件中添加如下语句。

```
export PATH = "$PATH:/usr/local/Ascend/ascend-toolkit/latest/tools/profiler/bin/"
```

参考如下配置，其中 ST 环境变量配置如表 7-13 所示。

表 7-13　ST 环境变量配置

参数	参数说明
Name	运行配置名称，用户可以自定义
Test Type	选择 st_cases
Execute Mode	① Remote Execute 远程执行测试 ② Local Execute 本地执行测试
Deployment	当 Execute Mode 选择 Remote Execute 时，deployment 功能可以将指定项目中的文件、文件夹同步到远程指定机器的指定目录
CANN Machine	CANN 工具所在设备 deployment 信息

续表

参数	参数说明
Environment Variables	① 在文本框中添加环境变量 PATH_1=路径1；PATH_2=路径2 多个环境变量用英文分号隔开。 ② 也可以点击文本框后的图标，在弹出的对话框中填写。 在 Name 中输入环境变量名称：PATH_1。 在 Value 中输入环境变量值：路径1。 勾选 "Instead system environment variables" 可以显示系统环境变量
Operator Name	选择需要运行的算子
SoC Version	选择处理器版本
Executable File Name	下拉选择需要执行的测试用例定义文件。 若对 AI CPU 算子进行 ST，测试用例文件前有（AI CPU）标识
Target OS	针对 Ascend EP：选择昇腾 AI 处理器所在硬件环境的 Host 侧的操作系统。 针对 Ascend RC：选择板端环境的操作系统
Target Architecture	选择 Target OS 的操作系统架构
Case Names	选择运行的 Case Name。 说明：默认全选所有用例，可以去除勾选部分不需要运行的用例
Enable Auto Build&Deploy	选择是否在 ST 运行过程中执行编译和部署
Advanced Options	高级选项
ATC Log Level	选择 ATC 日志级别 ① INFO ② DEBUG ③ WARNING ④ ERROR ⑤ NULL
Precision Mode	精度模式 ① force_fp16 ② allow_mix_precision ③ allow_fp32_to_fp16 ④ must_keep_origin_dtype

续表

参数	参数说明
Device Id	设备 ID，设置运行 ST 测试的芯片 ID。用户根据使用的 AI 芯片 ID 填写
Error Threshold	配置自定义精度标准，取值为含两个元素的列表：[val1, val2] ① val1：算子输出结果与标杆数据误差阈值，若误差大于该值则记为误差数据。 ② val2：误差数据在全部数据占比阈值。若误差数据在全部数据占比小于该值，则精度达标，否则精度不达标。 取值范围为[0.0,1.0]
Enable Profiling	使能 Profiling，获取算子在昇腾 AI 处理器上的性能数据。该功能需要将运行环境中的 msprof 工具所在路径配置到 PATH 环境变量中。 msprof 工作所在路径为：toolkit 工具路径下的 toolkit/tools/profiler/bin/msprof

单击"Run"。MindStudio 会根据算子测试用例定义文件在算子根目录"testcases/st/out/<operator name>"下生成测试数据和测试代码，并编译出可执行文件，在指定的硬件设备上执行测试用例。运行成功后会打印对比报告及保存运行信息。执行结果和与标杆数据对比报告会打印到 Output 窗口中。

① 总体信息：total_count 为对比元素总数量；max_diff_thd 为最大误差阈值，若存在预期结果与真实结果误差超出该阈值，直接判定该测试用例失败。

② 详细信息：对比元素序号（Index）、期望输出（ExpectOut）、实际输出（RealOut）、精度误差（FpDiff）、误差比（RateDiff）。

③ 误差容忍信息及结果：预期结果与真实结果误差小于误差阈值（DiffThd）的数量占比高于准确率阈值（PctThd）则比对结果（Result）为通过，否则失败，同时会打印出实际准确率（PctRlt）。

④ system_profiler 信息及结果：在运行 ST 步骤中，开启"Enable System Profier"开关，配置采集项后才会以表格形式输出 system_profiler 信息及结果。在算子根目录"testcases/st/out/<operator name>"下生成 st_report.json 文件，记录了系统测试情况。st_report.json 报表主要字段及含义如表 7-14 所示。

表 7-14　st_report.json 报表主要字段及含义

参数			说明
run_cmd	—	—	命令行命令

续表

参数			说明
report_list	—	—	报告列表，该列表中可包含多个测试用例的报告
	trace_detail	—	运行细节
		st_case_info	测试信息，包含如下内容。 • expect_data_path：期望计算结果路径 • case_name：测试用例名称 • input_data_path：输入数据路径 • planned_output_data_paths：实际计算结果输出路径 • op_params：算子参数信息
		stage_result	运行各阶段结果信息，包含如下内容。 • status：阶段运行状态，表示运行成功或者失败 • result：输出结果 • stage_name：阶段名称 • cmd：运行命令
	case_name	—	测试名称
	Status	—	测试结果状态，表示运行成功或者失败
	Expect	—	期望的测试结果状态，表示期望运行成功或者失败
summary	—	—	统计测试用例的结果状态与期望结果状态对比的结果
	test case count	—	测试用例个数
	success count	—	测试用例的结果状态与期望结果状态一致的个数
	failed count	—	测试用例的结果状态与期望结果状态不一致的个数

7.3.2 算子开发：以 Transformer 为例

一个神经网络往往包含几十甚至上百个算子，如果神经网络中的每一个算子都实现一遍，那神经网络构建的工作量之大可想而知。因此算子开发也可以看作一种代码重用，大大提高了构建网络的效率。算子应用流程如图 7-47 所示。

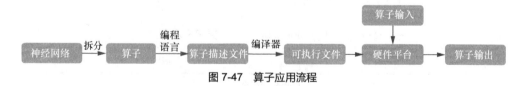

图 7-47 算子应用流程

（1）背景介绍

本小节以 Sinh 这一常用算子为例，展示算子开发的流程。使用 MindStudio 开发工具，并基于 TBE DSL 方式开发一个 Sinh 算子。Sinh 算子规格如表 7-15 所示。

表 7-15 Sinh 算子规格

算子类型	Sinh
数学表达式	Sinh(x)=(exp(x)−exp(−x)) / 2.0
支持的数据类型	FP6
支持的数据排布格式	ND

（2）任务分析

首先将 Sinh 算子的计算过程拆解，通过组合 DSL 计算接口完成算子开发。主要分为以下部分：e 指数运算、求相反数运算，乘或除−1、除法运算、减法运算。其对应的接口为：tbe.vexp、e 指数运算、tbe.broadcast（生成指定形状的内容相同的张量）、tbe.vdiv、除法运算、tbe.vsub 和减法运算。

（3）实现过程

首先，创建 TensorFlow 算子工程，选择 IR 模式。然后，进入 "op_proto/" 目录，编写 IR 实现文件 "sinh.h" 和 "sinh.cc"，将算子注册到算子库中。网络运行时，GE 会调用算子库的校验接口进行基本参数的校验，校验通过后，会根据原型库中的推导函数推导每个节点的输出 shape 与 DataType，进行输出 tensor 的静态内存的分配。头文件由 MindStudio 自动生成，代码如下。

```
#ifndef GE_OP_SINH_H
#define GE_OP_SINH_H
#include "graph/operator_reg.h"
namespace ge {

REG_OP(Sinh)
    .INPUT(x, TensorType({DT_FLOAT16}))
    .OUTPUT(y, TensorType({DT_FLOAT16}))
    .OP_END_FACTORY_REG(Sinh)
}
#endif //GE_OP_SINH_H
```

输出推导，代码如下。

```
IMPLEMT_COMMON_INFERFUNC(SinhInferShape)
{
    // 获取输出
```

```
    TensorDesc tensordesc_output = op.GetOutputDescByName("y");
    // 设置输出的形状,与输入一致
tensordesc_output.SetShape(op.GetInputDescByName("x").GetShape());
    // 设置输出的数据类型,与输入一致(float16)
tensordesc_output.SetDataType(op.GetInputDescByName("x").GetDataType());
    // 设置输出的数据排布格式,与输入一致(ND)
tensordesc_output.SetFormat(op.GetInputDescByName("x").GetFormat());
    // 将设置好的输出,更新它的张量描述信息
    (void) op.UpdateOutputDesc("y", tensordesc_output);
    return GRAPH_SUCCESS;
}
```

接下来就可以实现算子计算的代码部分了,代码如下。

```
def sinh_compute(x, y, kernel_name = "sinh"):
    # e 的 x 次幂
    exp_res = tbe.vexp(x)
    # 生成一个与输入 x 形状,数据类型相同的全部为-1 的张量
    neg_one = tbe.broadcast(-1, x.shape, x.dtype)
    # x 除以-1,获取 x 的相反数
    neg_exp_res = tbe.vexp(tbe.vdiv(x, neg_one))
    # e^(x) - e^(-x)
    add_res = tbe.vsub(exp_res, neg_exp_res)
    # 生成一个与输入 x 形状,数据类型相同的全部为 2.0 的张量
    two_tensor = tbe.broadcast(2.0, x.shape, x.dtype)
    res = tbe.vdiv(add_res, two_tensor)
    return res
```

实现算子信息库,设置输入参数与输出的数据类型与排布格式,代码如下。

```
[Sinh]
input0.name = x
input0.dtype = float16
input0.paramType = required
input0.format = ND
output0.name = y
output0.dtype = float16
output0.paramType = required
output0.format = ND
opFile.value = sinh
opInterface.value = sinh
```

进行算子适配插件设置,代码如下。

```
#include "register/register.h"

namespace domi {
// register op info to GE
```

```
REGISTER_CUSTOM_OP ("Sinh")
    .FrameworkType (TENSORFLOW)          // type: CAFFE, TENSORFLOW
    .OriginOpType ("Sinh")               // name in tf module
    .ParseParamsByOperatorFn (AutoMappingByOpFn)
    .ImplyType (ImplyType::TVM);
}   // namespace domi
```

进行算子功能调试,代码如下。

```
from tbe import tvm
# 引入testing模块相关接口
from tbe.common.testing.testing import *
import tbe.dsl as tbe

import numpy as np
# 进入调试模式
with debug ():
    # 设置在CPU模式下验证算子计算正确性
    ctx = get_ctx ()
    # 初始化一个形状(3,3)数据类型为float16,正态分布的张量数组
    x = tvm.nd.array(np.random.uniform(size = [3, 3]).astype("float16"), ctx)
    # 初始化一个形状为(3,3),数据类型为float16,全零的张量作为输出
    y = tvm.nd.array (np.zeros ([3, 3], dtype = "float16"), ctx)
    # 计算图占位符
    data_x = tvm.placeholder ([3, 3], name = "data_1", dtype = "float16")
    # 计算e^(x)
    exp_res = tbe.vexp (data_x)
    neg_one = tbe.broadcast (-1, data_x.shape, data_x.dtype)
    # 计算e^(-x)
    neg_exp_res = tbe.vexp (tbe.vdiv (data_x, neg_one) )
    print_tensor (exp_res)
    print_tensor (neg_exp_res)
    # 计算e^(x) - e^(-x)
    add_res = tbe.vsub (exp_res, neg_exp_res)
    two_tensor = tbe.broadcast (2.0, data_x.shape, data_x.dtype)
    # 计算除以2.0的最终结果
    div_res = tbe.vdiv (add_res, two_tensor)
    print_tensor (div_res)
    exp_res = np.sinh (x.asnumpy () )
    print (exp_res)
    # 计算相对误差与绝对误差
    assert_allclose(div_res, desired=np.sinh(x.asnumpy()), tol =[1e-4, 1e-4])
    # 自动调度
    s = tvm.create_schedule (div_res.op)
    # 算子编译
    build (s, [data_x, div_res], name = "Sinh")
```

```
# 算子执行
run(x, y)
```

注意，算子调试因为是在 CPU 的仿真环境下进行的测试，但是，因为昇腾 AI 处理器与 CPU 计算单元的实现不同，硬件有差异，因此精度可能出现少许偏差，因此，此方法只是大致验证计算逻辑，真实情况以 ST 为准。

最后进行算子系统测试，在项目根目录单击鼠标右键，进行算子系统测试。

首先填写系统测试的 JSON 配置文件。在期望结果验证一栏中，脚本路径填写验证脚本的位置，脚本方法填写脚本的验证方法，单击右下角的 Run，配置 ST 的内容，然后可开始进行系统测试。

7.3.3 算子优化技术：以算子融合为例

1．算子优化技术概述

在深度学习中，算子优化技术是一种重要的技术手段，用于提高神经网络模型的计算效率和性能。以下是深度学习中常见的算子优化技术。

（1）算子融合：是整网性能提升的一种关键手段，包括图融合和统一缓冲区（unified buffer，UB）融合。

（2）算子分解：将一个复杂的算子拆分为多个简单的算子，从而提高计算效率。例如，将一个大型的矩阵乘法拆分为多个小的矩阵乘法操作。

（3）空间优化：通过优化算子的内存使用方式，减少内存访问和数据传输次数，提高算法的性能。例如，使用局部缓存来存储中间结果，减少对主存的访问。

（4）混合精度计算：在计算过程中使用不同精度的数据表示，以减少计算量和内存占用。例如，使用低精度浮点数进行计算，并在必要时将结果转换为高精度。

（5）算子重排：通过改变算子的计算顺序，减少计算的依赖关系，提高并行度和计算效率。例如，重新排列卷积算子的计算顺序，以减少乘法操作的次数。

（6）冗余计算消除：通过识别和消除重复计算，减少不必要的计算量，提高算法的效率。例如，使用缓存机制来存储已计算的结果，避免重复计算。

（7）算子特定优化：针对具体的算子进行专门的优化，根据其特殊的计算特点，提高算法的性能。例如，对于卷积算子，可以使用 FFT 算法和 Winograd 算法等进行优化。

这些算子优化技术都旨在提高算法的效率和性能，以减少计算资源的消耗，从而加速模型的训练和推理过程。不同的算子优化技术可以根据具体的应用场景和需求来选择和组合使用。这些算子优化技术在深度学习中起到了至关重要的作用，可以大大提高神经网络模型的计算效率和性能，从而加速模型训练和推理的过程。

2．算子融合技术概述

（1）图融合

在使用图方式描述网络时，采用跟硬件无关的融合优化，实现算子性能提升。

图融合是 FE 根据融合规则进行改图的过程。图融合用融合后的算子替换图中融合前的算子，提升计算效率。图融合的场景如下。

- 在某些算子的数学计算量可以进行优化的情况下，可以进行图融合，融合后可以节省计算时间。例如：conv+biasAdd 可以融合成一个算子，直接在 l0c 中完成累加，从而省去累加的计算过程。
- 在融合后的计算过程中可以在硬件指令加速的情况下进行图融合，融合后再加速。例如：conv+biasAdd 的累加过程，就是通过 l0c 中的累加功能进行加速的，可以通过图融合完成。

图融合包括图融合和图拆分融合两种。

① 图融合：对图上算子进行数学相关的融合，将多个算子融合成一个或者几个算子，该融合跟硬件无关。图融合如图 7-48 所示，Conv2D 和 BatchNorm 算子做融合，经过数学公式的推导，将 BatchNorm 作用到 Conv2D 上，融合成 Conv2D 算子。

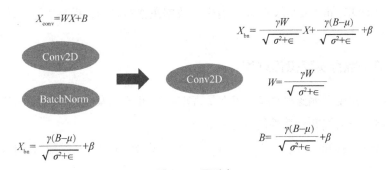

图 7-48　图融合

② 图拆分融合：将一个算子拆分成多个算子的融合。图拆分如图 7-49 所示，算子 X 被拆分成 $X1$ 和 $X2$ 两个算子。

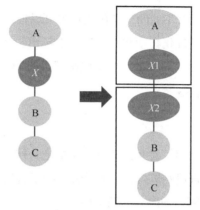

图 7-49 图拆分融合

（2）UB 融合

客户在使用图方式描述网络时，经过图编译对图进行 UB 融合优化，实现硬件相关的融合优化，提升算子执行性能。

UB 即昇腾 AI 处理器上的 Unified Buffer，UB 融合是对图上算子进行硬件 UB 相关的融合。例如两个算子单独运行时，算子 1 的计算结果在 UB 上，需要搬移到 DDR。算子 2 再执行时，需要将算子 1 的输出由 DDR 再搬移到 UB，进行算子 2 的计算逻辑，计算完之后，又从 UB 搬移回 DDR。

从这个过程会发现算子 1 的结果的迁移过程是 UB→DDR→UB→DDR。这个经过 DDR 的数据搬移过程是浪费的，因此将算子 1 和算子 2 合并成一个算子，融合后，算子 1 的数据直接保留在 UB，算子 2 从 UB 直接获取数据进行算子 2 的计算，节省了一次输出 DDR 和一次输入 DDR，省去了数据搬移的时间，提高了运算效率，有效地降低了带宽。

3．算子融合实际操作过程

用户可以在模型编译时，提前识别是否需要关闭/开启某些融合规则，便于提升编译性能，但并不会提升计算性能，方法如下。

ATC 模型转换时，通过"--fusion_switch_file"配置融合开关配置文件路径及文件名。示例如下。

```
--fusion_switch_file = /home/fusion_switch.cfg
```

IR 模型构建时，通过"FUSION_SWITCH_FILE"配置融合开关配置文件路径及文件名。示例如下。

```
std::map<Ascendstring, Ascendstring> global_options = {{
```

```
ge::ir_option::FUSION_SWITCH_FILE, "/home/fusion_switch.cfg"
},};
auto status = aclgrphBuildInitialize(global_options);
```

模型训练和在线推理时，通过"fusion_switch_file"配置融合开关配置文件路径及文件名。示例如下。

```
custom_op.parameter_map["fusion_switch_file"].s = tf.compat.as_bytes("/home/
fusion_ switch.cfg")
```

其中，传入的 fusion_switch.cfg 文件需要用户自己创建，文件名自定义，文件内容示例如下，其中，on 表示开启，off 表示关闭。

```
{
    "Switch":{
        "GraphFusion":{
            "ConvToFullyConnectionFusionPass":"on",
            "SoftmaxFusionPass":"on",
            "ConvConcatFusionPass":"on",
            "MatMulBiasAddFusionPass":"on",
            "PoolingFusionPass":"on",
            "ZConcatv2dFusionPass":"on",
            "ZConcatExt2FusionPass":"on",
            "TfMergeSubFusionPass":"on"
        },
        "UBFusion":{
            "FusionVirtualOpSetSwitch":"on"
        }
    }
}
```

同时支持用户一键关闭/开启的融合规则，以下以关闭为例。

```
{
    "Switch":{
        "GraphFusion":{
            "ALL":"off"
        },
        "UBFusion":{
            "ALL":"off"
        }
    }
}
```

需要注意的是：以上一键式关闭融合规则仅是关闭系统的部分融合规则，而不是全部融合规则，原因是关闭某些融合规则可能会导致功能问题。

一键式关闭融合规则的同时，可以开启部分融合规则，代码如下。

```
{
    "Switch":{
        "GraphFusion":{
            "ALL":"off",
            "SoftmaxFusionPass":"on"
        },
        "UBFusion":{
            "ALL":"off",
            "FusionVirtualOpSetSwitch":"on"
        }
    }
}
```

一键式开启融合规则的同时，可以关闭部分融合规则，代码如下。

```
{
    "Switch":{
        "GraphFusion":{
            "ALL":"on",
            "SoftmaxFusionPass":"off"
        },
        "UBFusion":{
            "ALL":"on",
            "FusionVirtualOpSetSwitch":"off"
        }
    }
}
```

7.4 辅助工具应用实践

7.4.1 精度比对工具

自有实现的算子在昇腾 AI 处理器上的运算结果与业界标准算子（如 Caffe、ONNX、TensorFlow）的运算结果可能存在差异。为了帮助开发人员快速解决算子精度问题，需要提供比对自有实现的算子运算结果与业界标准算子运算结果之间差异的工具。

昇腾 AI 精度对比工具运行的总体流程如图 7-50 所示。首先进行环境准备，然后进行比对数据的准备，包括第三方框架的对应数据文件与基于昇腾 AI 处理器运行生成的训练网络 dump 数据和计算图文件；最后进行张量比对，包括算子溢出分析、整网比对、输出比对结果、定位具体问题算子、单算子对比操作、问题分析步骤。

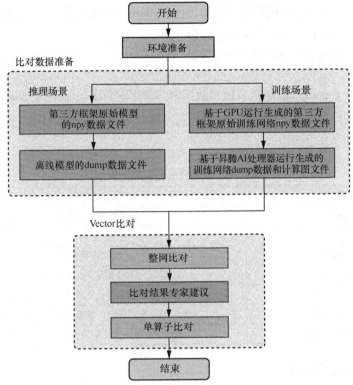

图 7-50　昇腾 AI 精度对比工具运行的总体流程

1．比对数据准备

比对数据分为训练数据与推理数据，这里以训练数据准备为例。在比对数据中，待对比数据为通过昇腾 AI 处理器运行生成的训练网络 dump 数据文件，标准数据为 TensorFlow 原始训练网络.npy 文件，模型文件为导出的计算图文件（.txt 格式）。

对于待对比数据，可利用 TensorFlow 2.x 的 debug 工具 tfdbg_ascend 生成.npy 文件。在训练文件中导入 tfdbg_ascend 库，代码如下。

```
import tfdbg_ascend as dbg
```

在每个 step 训练启动代码前配置如下代码，例如 dump 第 5 个 step 的数据。

```
tfdbg.disable()
if current_step == 5:
    tfdbg.enable()
```

执行训练脚本，训练任务停止后，在指定目录下生成.npy 文件。

2．整网比对

使用 msaccucmp.py 进行整网比对，在 Python3 环境下进入 ascend-toolkit/latest/tools/operator_cmp/compare 目录，运行如下命令。

```
python3 msaccucmp.py compare -m <my_dump_path> -g <golden_dump_path> -out <output_path>
```

其中，<my_dump_path>代表比对数据中的待比对数据，<golden_dump_path>代表比对数据中的标准数据，<out_path>表示整网比对结果文件输出目录。整网对比部分参数说明如表 7-16 所示。

表 7-16　整网对比部分参数说明

参数	说明
Index	网络模型中算子的 ID
OpType	算子类型
Shape	比对的张量的形状
MaxAbsoluteError	进行最大绝对误差算法比对出来的结果
AccumulatedRelativeError	进行累积相对误差算法比对出来的结果
MeanAbsoluteError	表示平均绝对误差，取值范围为 0 到无穷大
RootMeanSquareError	表示均方根误差，取值范围为 0 到无穷大

3．算子溢出分析

使用 msaccucmp.py 进行算子溢出分析，在 Python3 环境下进入 ascend-toolkit/latest/tools/ operator_cmp/compare 目录，运行命令如下。

```
python3 msaccucmp.py overflow -d <dump_path> -out <output_path>
```

其中，<dump_path>表示 Debug file 和溢出算子的 dump 文件所在目录，<out_path>表示算子溢出分析结果文件输出目录。算子溢出结果包括每个溢出算子的类型和名称、算子的溢出信息（包括溢出类型、溢出的任务 ID、流 ID 和溢出错误码）、算子溢出的时间戳，以及算子溢出的输入关键信息，包括数据格式、数据维度、数据类型、最大值、最小值和均值。

7.4.2　性能分析工具

性能数据采集与性能指标分析是对昇腾 AI 任务评价的重要组成部分。本节以

msprof 命令行与 acl.json 配置文件方式为例,介绍性能分析工具的具体应用方式。

1. 使用 msprof 命令行方式进行性能数据采集

msprof 命令行工具提供了采集通用命令、人工智能任务运行性能数据、昇腾 AI 处理器系统数据和 msproftx 数据性能数据的采集和解析能力。使用 msprof 命令行工具,首先以运行用户登录 Ascend-cann-toolkit 开发套件包所在环境,配置环境变量后执行以下命令,采集性能数据。

```
msprof --aplication=<app_dir> --output=<out_dir>
```

该命令用于采集性能数据,<app_dir>表示运行环境上人工智能任务文件目录;<out_dir>表示收集到的 Profiling 数据的存储路径。

2. 使用 acl.json 配置文件方式进行性能数据采集

在昇腾 AI 离线推理场景下,通过运行应用工程可执行文件、调用 acl.json 文件,读取 Profiling 相关配置,开发人员可以采集到性能原始数据,从而进行性能数据解析,展示性能数据解析结果。

首先打开 aclInit( ) 函数所在的推理应用工程代码文件,获取 acl.json 文件路径。

```
// ACL init
const char *aclConfigPath = "../src/acl.json";
aclError ret = aclInit(aclConfigPath);
if(ret != ACL_ERROR_NONE){
ERROR_LOG("acl init failed");
return FAILED;
}
INFO_LOG("acl init success");
```

在对应路径中打开 acl.json 配置文件,并添加 Profiling 相关的配置。

```
{
"profiler": {
    "switch": "on",
    "output": "output",
    "aicpu": "on"
    }
}
```

其中,switch 项为 on 表示开启 Profiling,"output"项为"output"表示使用以目录名开始的相对路径存储性能数据,aicpu 项为 on 表示采集 AI CPU 算子的详细信息,如算子执行时间、数据备份时间等。

3．使用msprof工具性能数据解析

msprof工具可以对收集到的性能数据进行解析。在使用上述方法收集到性能数据之后，使用如下命令进行解析：

```
./msprof --parse = on -output = <out_dir>
```

该命令用于对数据进行解析，parse值为on表示解析Profiling原始数据文件，<out_dir>表示Profiling数据的存储路径。

性能数据结果文件命名为"模块名_{device_id}_{model_id}_{iter_id}.json"或"模块名_{device_id}_{model_id}_{iter_id}.csv"，其中{device_id}表示设备ID，{model_id}表示模型ID，{iter_id}表示某轮迭代的ID。这些字段可以在完成数据解析后，使用数据解析与导出中的"Profiling数据文件信息查询"功能对结果文件进行查询得出，若查询某些字段显示为N/A（为空），则在导出的结果文件名中不展示。单算子场景性能数据结果文件命名为"模块名_{device_id}_{iter_id}.json"或"模块名_{device_id}_{iter_id}.csv"。同时，性能分析结果也可以与专家系统工具搭配进行使用，得到进一步的调优建议。

7.4.3 专家系统工具

专家系统是用于聚焦模型和算子的性能调优Top问题，识别性能瓶颈，重点构建模型和算子瓶颈分析并提供优化推荐，支撑开发效率提升的工具。昇腾AI框架提供的专家系统工具包含了专家系统自有知识库、生态知识库、应用兼容性分析等功能。其中专家系统自有知识库和生态知识库对模型或算子进行性能分析，应用兼容性分析实现应用的API兼容性识别。本节以专家系统自有知识库中的基于时间线的AI CPU算子优化功能为例，展示专家系统工具的分析与优化方式。

在基于时间线的AI CPU算子优化中，以图7-51为例，AI CPU时间轴中Task1（PTCopy）存在模型执行、串行等待AI CPU算子执行，瓶颈分析模型需要主动识别这类瓶颈。AI CPU时间轴中的Task2计算时间隐藏在AI Core计算时间中，这类AI CPU算子执行可以忽略。专家系统工具可以将任务调度信息数据（task_time_*.json）作为输入，自动识别串行执行AI CPU算子，给出优化建议，提升模型的整体性能。

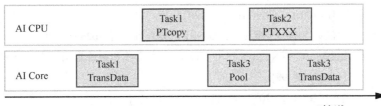

图 7-51　AI CPU 算子并行时间轴

在 Ascend-cann-toolkit 开发套件包中，${INSTALL_DIR}/tools/msadvisor/路径为专家系统功能实现相关。使用性能分析工具得到的输出结果运行如下命令。

```
msadvisor -d <data> -c <conf> -s <soc_version>
```

其中，<data>表示用户指定分析的数据路径；<conf>表示如何读取工程配置文件，输入 op 表示读取算子场景的默认 op.json 配置文件，输入 model 表示读取模型场景的默认 model.json 配置文件，输入 all 表示读取全场景（包括算子和模型）的 all.json 配置文件；<soc_version>表示待分析文件所属设备的芯片版本，例如 Ascend 310B 等。运行对应指令之后可以得到基于时间轴的 AI CPU 算子优化建议，中英文对照如表 7-17 所示。

表 7-17　基于时间轴的 AI CPU 算子优化建议

输出建议（英文）	输出建议（中文）
Modify the model code to avoid AI CPU	修改代码，避免出现 AI CPU 算子
Fuse AI CPU operators to reduce frequent switchover between AI CPU and AI Core operators	融合部分 AI CPU 算子
Change the mode structure, for example, from INT64 to FP16	更改模型结构，如 INT64 转 FP16
Optimize the performance of time-consuming AI CPU operators	AI CPU 算子本身性能优化

参考文献

[1]　华为技术有限公司. CANN 7.0.RC1 软件安装指南：安装须知[EB/OL].（2023-11-24）[2023-12-08].

[2]　Gitee. Ascend/sampes：Wiki [EB/OL].（2023-11-09）[2023-12-31].

[3]　华为技术有限公司. CANN 7.0.RC1 应用软件开发指南（C&C++, 推理）[EB/OL].（2023-10-23）[2023-12-31].

[4]　华为技术有限公司. CANN 7.0.RC1 应用软件开发指南（C&C++, 推理）：调用 NN 类算子

接口示例代码 [EB/OL].（2023-10-12）[2023-12-31].

[5] 基于CTC算法的语音热词唤醒模型[EB/OL]. (2023-11-03) [2023-12-08].

[6] 华为技术有限公司. CANN 7.0.RC1 PyTorch 模型迁移和训练指南：模型迁移[EB/OL]. (2023-12-05) [2023-12-08].

[7] CANN 算子清单[EB/OL].（2023-09-11）[2023-12-31].

[8] 华为技术有限公司. CANN 7.0.RC1 ATC 工具使用指南：ATC 模型转换学习向导 [EB/OL]. (2023-10-15) [2023-12-31].

[9] 华为技术有限公司. CANN 7.0.RC1 图融合和UB融合规则参考：图融合与UB融合规则参考 [EB/OL]. (2023-10-17) [2023-12-31].

[10] 华为技术有限公司. CANN 自定义算子开发指南：TBE&AI CPU 算子开发[EB/OL]. (2023-11-17) [2023-12-08].

[11] 华为技术有限公司. CANN 7.0.RC1 Ascend Graph 开发指南：Ascend Graph 开发[EB/OL].（2023-10-22）[2023-12-31].

[12] 马城林. CANN 训练营, 算子开发大作业解析 [EB/OL].（2022-12-24）[2023-12-31].

[13] 昇腾 CANN. 昇腾 CANN 算子开发揭秘[EB/OL]. (2023-09-07) [2023-12-31].

[14] 华为技术有限公司. CANN 7.0.RC1 开发工具指南：开发工具简介[EB/OL].（2023-12-01）[2023-12-08].

[15] VASWANI A, SHAZEER N, PARMAR N, et al. Attention is all you need[J]. Advances in Neural Information Processing Systems, 2017: 30.